2013 年南方干旱人工影响天气技术交流论文集

主　编：李集明
副主编：周毓荃　陶　玥

气象出版社
China Meteorological Press

内 容 简 介

本书收集了2013年11月中国气象局人工影响天气中心在贵州召开的"南方抗高温干旱人工影响天气服务技术总结交流会"上的17篇论文,汇集了相关人工影响天气业务技术的分析和总结,介绍了2013年南方人工影响天气监测预报、决策指挥、作业实施和效果分析等业务技术,可供各地有关部门更好地开展人工影响天气工作参考。

图书在版编目(CIP)数据

2013年南方干旱人工影响天气技术交流论文集 / 李集明,周毓荃,陶玥主编.
—北京:气象出版社,2014.8
　ISBN 978-7-5029-5983-8

Ⅰ.①2… Ⅱ.①李… ②周… ③陶… Ⅲ.①干旱—人工影响天气—文集
Ⅳ.①P48-53

中国版本图书馆CIP数据核字(2014)第191567号

2013 Nian Nanfang Ganhan Rengong Yingxiang Tianqi Jishu Jiaoliu Lunwenji

2013年南方干旱人工影响天气技术交流论文集

主编:李集明　　副主编:周毓荃　陶　玥

出版发行:气象出版社

地　　址:北京市海淀区中关村南大街46号	邮政编码:100081
总 编 室:010-68407112	发 行 部:010-68409198
网　　址:http://www.qxcbs.com	**E-mail**:　qxcbs@cma.gov.cn
责任编辑:李太宇	终　　审:周诗健
封面设计:博雅思企划	责任技编:赵相宁
印　　刷:中国电影出版社印刷厂	
开　　本:787 mm×1092 mm　1/16	印　　张:13
字　　数:330千字	
版　　次:2015年7月第一版	印　　次:2015年7月第一次印刷
定　　价:80.00元	

序

　　当前,我国人工影响天气工作正处在一个新的发展时期。2012年第三次全国人工影响天气工作会后,国务院办公厅下发了《关于进一步加强人工影响天气工作的意见》,明确了当前和今后一个时期人工影响天气服务于国家经济社会发展的新要求和新任务。2014年,国家发展和改革委员会与中国气象局联合印发了《全国人工影响天气发展规划(2014—2020年)》,对全国人工影响天气工作的发展目标、业务布局和能力建设作出了明确部署和安排,标志着我国的人工影响天气工作进入了一个新的发展阶段。

　　新的发展形势,迫切需要加快提高人工影响天气工作的科技水平和业务能力,加快人工影响天气现代化建设的步伐。为此,2015年,中国气象局启动了人工影响天气业务能力建设三年行动计划,统筹组织,集中攻关,健全和完善人工影响天气的业务技术体系,提高人工影响天气作业和管理的科技水平。

　　开展常态化的业务技术交流是提高人工影响天气科技水平和业务能力的重要途径。中国气象局人工影响天气中心牵头组织开展这类全国或区域性的人工影响天气业务技术交流是一个良好的开端,意义重大。通过人工影响天气业务服务典型实例分析,总结交流在作业设计、指挥调度和效果评估等关键业务环节的技术方法与实际应用成效,对提高人工影响天气作业指挥的科学水平,推动人工影响天气作业向定量化、精准化方向发展,提高人工影响天气业务现代化水平将起到积极的促进作用。希望国家级人工影响天气中心能坚持定期开展这类活动,并不断总结完善,努力打造出科研与业务相结合、有影响力、有实效的全国人工影响天气业务技术交流研讨平台,为全国人工影响天气业务现代化建设提供有利的支撑。

（中国气象局副局长）
2015 年 6 月

前　　言

　　2013 年夏季南方多省遭受了大范围长时段的高温干旱，各地采用多种方式，开展了人工影响天气（以下简称"人影"）抗旱服务工作，取得很好成效，得到政府和社会各界好评。在气候变化背景下，南方干旱逐年呈现多发重发趋势，人工增雨防雹需求日趋迫切，而传统上北方人影作业的技术总结与经验积累较多，如何针对南方云系特点和云降水特性，科学精准地开展人影作业，是我们共同面临的重要课题。

　　为更好地总结交流南方人工影响天气监测预报、决策指挥、作业实施和效果分析等业务技术，2013 年 11 月中国气象局人工影响天气中心在贵州召开了《南方抗高温干旱人工影响天气服务技术总结交流会》。本次会议共收到来自全国 12 个省（区、市）（包括四川、贵州、重庆、湖北、湖南、江西、广西、广东、江苏、浙江、福建、云南）人影中心（人影办）和中国气象局人工影响天气中心技术人员的论文 17 篇，主要以 2013 年南方抗高温干旱人影服务技术总结为主，汇集了相关人影业务技术总结分析工作，希望能为各地今后更好地开展人工影响天气业务和技术研究提供帮助。

编　者

2014 年 7 月

目　录

第三部分　南方干旱人工影响天气业务系统和服务概况

第一部分

南方干旱国家级人工影响天气服务技术

人工影响天气模式在 2013 年南方高温干旱人影作业条件预报中的应用

孙　晶[1]　史月琴[1]　蔡　淼[1]　周毓荃[1]　唐　林[2]

1. 中国气象科学研究院 中国气象局人工影响天气中心,北京 100081

2. 湖南省人工影响天气办公室,长沙

摘　要　2013 年 8 月 1—22 日,中国气象局人工影响天气中心利用人工影响天气(以下简称"人影")数值模式为南方高温旱区开展人工增雨作业条件预报服务工作,通过云带、过冷水、云垂直结构、降水等产品,分析增雨作业条件,为外场作业提供指导产品。本文简要回顾了 2013 年 8 月的旱情和天气过程,重点对 2013 年 8 月增雨作业条件预报结果进行了分析。8 月 1—22 日,我国南方高温旱区降水过程可分为三种类型。1—4 日为台风外围云系降水;5—13 日为副高控制下局地对流性降水;14—22 日为台风登陆后低压环流云系降水。人影模式对台风外围云系和低压环流云系降水的范围和强度基本预报正确,对局地对流降水位置的预报略有偏差。利用卫星反演光学厚度检验模式预报的云带,大范围云系与实况卫星反演结果比较吻合,而且能够预报出局地对流云团。台风外围云系和低压环流云系既有暖云降水、也有冷暖混合云降水,冷暖混合云中有 0.01～0.3 g/kg 的过冷水,位于0～−10℃之间,具有较好的冷云催化增雨潜力;副高内部局地对流云团基本为冷暖混合云降水,过冷水含量在 0.01～1 g/kg 之间,位于 0～−20℃之间,具有很好的冷云催化增雨潜力。根据预报产品分析得出的增雨潜力区包含了飞机增雨作业区和主要的地面作业区,但范围偏小。针对南方夏季积层混合云以及对流云的微物理结构和增雨条件的研究以及预报准确率还需加强和提高。

关键词:人工影响天气,高温干旱,作业条件,数值预报

1　引言

我国是水资源短缺和气象灾害频发的国家,近年来受气候变化等的影响,发生严重旱灾的频率明显增加,给农业生产和人民生活等带来严重影响。人工影响天气是气象服务的重要科技手段之一。在防灾减灾和云水资源开发的迫切需求下,我国一直广泛地开展着人工增雨作业。目前我国有 30 个省(区、市)开展飞机、高炮、火箭增雨防雹作业,人工增雨作业区面积达 360 万 km^2[1]。人工增雨作业是在适当云层中播撒人工催化剂,以使更多的水汽和云水转化为降水。在实施人工增雨作业前,需要对作业实施对象——云系的宏微观特征进行预判,提前确定合适的作业区域、作业时机和作业剂量,才能科学地实施人工增雨作业。因此,利用数值模式对人工增雨作业条件进行预报,为开展人工增雨外场作业提供技术支撑和指导,具有十分重要的科学意义和实用价值。

目前的区域数值模式预报产品,主要包括位势高度、温度、风、降水等要素,通过它们可以提前了解天气形势、降水等的发展演变,但是传统的数值预报产品不包括云的宏微观结构,无法提供人工影响天气作业关注的云顶高度、云顶温度、0℃层高度、过冷层厚度、云中各种水成

物粒子含量等,不能满足人工影响天气作业的需求。因此有必要研发人工影响天气作业条件预报产品,开展人工影响天气模式预报业务。美国在怀俄明州人工影响天气五年试验项目中利用 WRF 中尺度模式的实时四维资料同化预报系统(RT-FDDA)对地形云增雨(雪)作业条件预报[2]。我国近几年在人工影响天气数值模式的发展和应用方面做了大量研究,中尺度可分辨云模式已经应用于人工影响天气作业条件预报[3]。

2013 年夏季,我国南方出现大范围高温天气,并且降水异常偏少,出现严重的气象干旱。为缓解旱情,各地人影部门抓住有利时机进行增雨作业,中国气象局人工影响天气中心利用数值模式每日进行增雨作业条件预报,为外场作业提供指导产品。本文简要回顾了 2013 年 8 月的旱情和天气过程,重点对 2013 年 8 月增雨作业条件预报结果进行分析。

2　模式简介

人工影响天气作业条件预报主要针对云的宏微观结构进行预报,对于复杂的云微物理特性,需要模式采用详细的微物理方案对其进行描述。CAMS 复杂微物理方案是由中国气象科学研究院开发[4,5]的一套准隐式格式的混合相双参数雪晶方案。该方案包括 11 个云物理预报变量,分别为水汽、云水的比质量(Q_v、Q_c),雨水、冰晶、雪和霰的比质量和数浓度(Q_r、Q_i、Q_s、Q_g;N_r、N_i、N_s、N_g),考虑了 31 种云物理过程。该方案已经与 MM5、GRAPES、WRF 中尺度模式动力框架耦合[6,7],并用于降水的云物理机制和人影作业条件分析研究[8~10]。

利用耦合 CAMS 复杂微物理方案的 MM5 中尺度模式对 2013 年 8 月南方高温旱区进行增雨作业条件预报。模式水平分辨率为 15 km,预报区域为($23°—35°N$,$103°—123.5°E$)。采用全球模式 T213 每日 08 时(北京时,下同)的预报资料作为初始场和侧边界条件,启动模式当日 08 时的预报,预报时效 48 h。对流参数化方案采用 K-F 方案。人工影响天气作业条件预报产品主要包括云顶温度、云顶高度、云带、垂直累积过冷水、各层水成物等,通过分析降水、云的水平和垂直结构等分布和演变,来预报增雨潜力区。利用当日 14 时卫星观测云带分布检验模式预报云场后,制作第 2 日 08 时至第 3 日 08 时的作业条件预报。

3　高温干旱旱情和天气

2013 年 8 月,西太平洋副热带高压(以下简称副高)偏西偏强,导致我国南方地区出现 35℃ 以上高温天气,其特点是持续时间长、覆盖范围广、强度高、影响大[11]。其中江淮大部、江汉、江南以及广西北部、重庆、贵州东部、四川东部 35℃ 以上的高温日数普遍有 10~20 d,最高气温普遍达 38~40℃,部分地区超过 40℃,其中浙江新昌(44.1℃)和奉化(43.5℃)、湖南慈利(43.2℃)、安徽泾县(42.7℃)等超过历史极值。同时,我国南方地区降水异常偏少,出现严重的气象干旱。8 月 1 日旱情蔓延,强度加大;8 月 13 日,旱情最为严重(图 1a),贵州、湖南、重庆南部、江西西部等地达到重旱,其中贵州和湖南大部分地区达到特旱。

8 月 1—22 日,我国南方高温旱区降水过程可分为 3 个阶段。如图 1b—c 所示,8 月 1—4 日,副热带高压西伸脊点位于 110°E 附近,脊线位于 27.5°N 附近,5880 gpm 等位势高度线控制我国江南地区,8 月 2 日 19:30 强热带风暴"飞燕"在海南文昌龙楼镇登陆,受其外围云系影响,2—4 日南方高温旱区的贵州、重庆等地产生降水,过程累计雨量为 10~50 mm;8 月 5—13

日,副热带高压西伸脊点位于 107°E 附近,5880 gpm 等位势高度线控制范围扩大,南方高温旱区炎热少雨,仅零散地区出现局部对流性降水天气;14—22 日,环流形势有所调整,副热带高压明显北抬,脊线位于 35°N 附近,南方高温旱区受低压系统控制,14 日 15:50 强台风"尤特"在广东省阳江市阳西县登陆,22 日 02:40 台风"潭美"在福建省福清市沿海登陆,受这两个低压系统影响,14—22 日南方高温旱区出现大范围强降水,累计雨量为 50～300 mm,旱情得到缓解。

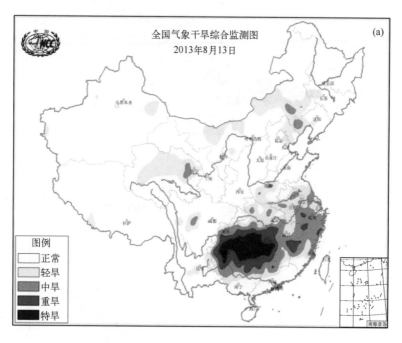

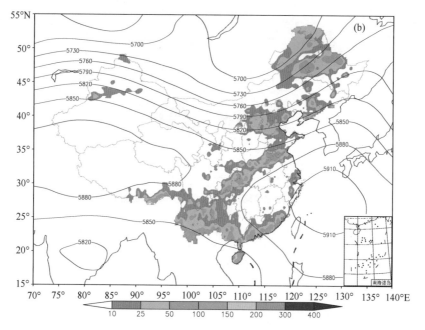

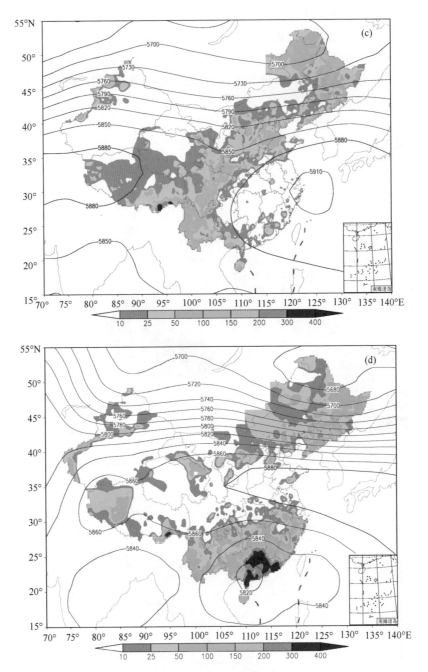

图 1　2013 年 8 月 13 日全国气象干旱综合监测图(a,引自国家气候中心),以及不同
日数的实测累积降水量(阴影,单位:mm)和 500 hPa 时间平均位势高度场(单位:gpm),
(b)8 月 1—4 日,(c)8 月 5—13 日,(d)8 月 14—22 日

4　台风外围云系作业条件预报

4.1　作业潜力区预报

2013年8月3日,受强热带风暴"飞燕"外围云系影响,贵州、重庆等旱区迎来降水过程。利用8月2日08时起报的预报产品,对3日作业条件进行预报。首先利用2日14时的卫星反演产品对模式预报云带进行检验(图2),模式预报的主云区呈南北走向分布于重庆至贵州一线,与反演产品相比云带略显松散。云带和过冷水预报结果显示(图3),8月3日08时—4日08时,贵州大部、重庆大部、湖南西部有云系发展,旱区贵州南部云区有过冷水,具有一定的催化潜力。因此,预报8月3日08时—4日08时主要增雨潜力区分布如图3中红圈范围所示。

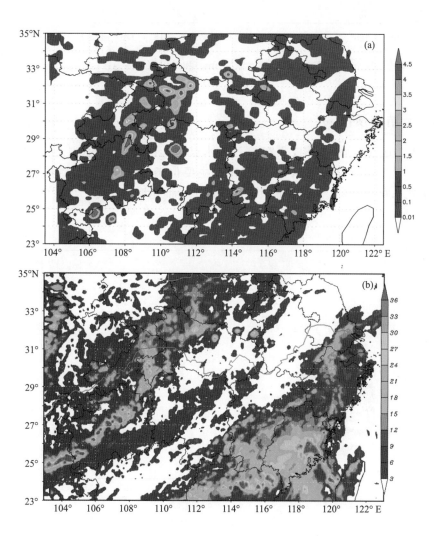

图2　2013年8月2日14时模式预报的云带(a,单位:mm)和卫星反演光学厚度(b)

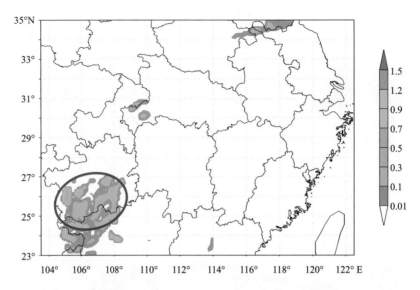

图3　模式预报垂直累积过冷水（阴影，单位：mm）和增雨催化潜力区（红色圈）分布图

4.2　潜力区云结构预报

为了分析潜力区云体垂直结构，沿 26.0°N 做水成物垂直剖面图。图4显示，贵州南部地区（106°—108°E）为冷暖混合云降水，其中过冷水主要位于 0～−10℃层（海拔高度 5000～7000 m），含量在 0.01～0.3 g/kg 之间，具有较好的冷云催化增雨潜力。

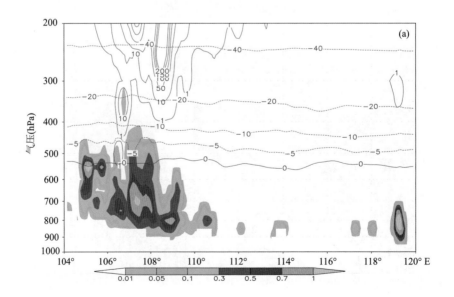

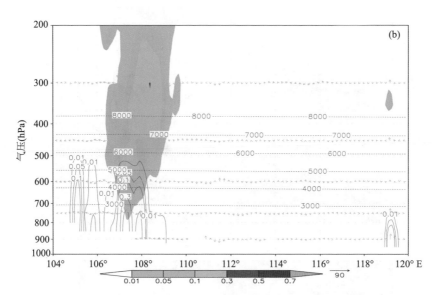

图4 2013年8月3日05时沿26.0°N东西向水成物垂直剖面

(a)云水(填色阴影),冰晶数浓度(红色等值线),等温线(紫色等值线);
(b)雪+霰(填色阴影),雨(红色等值线),等高线(紫色等值线)

5 副高内部局地对流云团作业条件预报

5.1 作业潜力区预报

8月5—13日,副热带高压控制范围扩大,南方高温旱区炎热少雨,仅零散地区出现局部对流性降水天气,此时需抓住有利时机进行人工增雨作业。利用8月9日08时起报的预报产品,对10日作业条件进行预报。首先利用9日14时的卫星反演产品对模式预报云带进行检验(图5),模式预报高温旱区内的云区主要分为两类,一类呈西南—东北走向分布于重庆至河南南部一线,云层含水量不大,另一类为分散对流云团分布于湖南、江西、福建等地,两类云的位置与反演产品相比基本吻合。云带和过冷水预报结果显示(图6),8月10日08时—11日08时,贵州西南部、重庆北部、湖北西部、湖南南部、江西大部、江苏中部和南部、浙江西南部局地有分散云团覆盖。旱区贵州西南部、江西南部、江苏中部局地有过冷水,具有一定的催化潜力。因此,预报8月10日08时—11日08时主要增雨潜力区分布如图10中红圈范围所示。

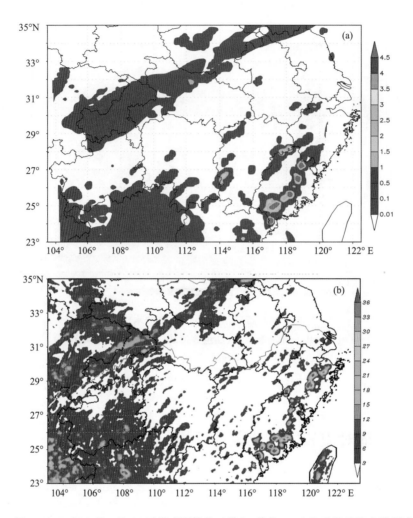

图 5   2013 年 8 月 9 日 14 时模式预报的云带(a,单位:mm)和卫星反演光学厚度(b)

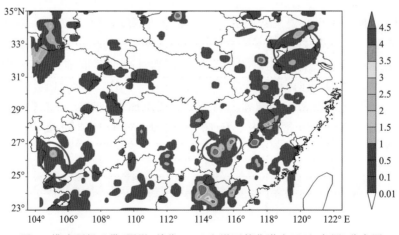

图 6   模式预报云带(阴影,单位:mm)和增雨催化潜力区(红色圈)分布图

5.2 潜力区云结构预报

为了分析潜力区云体垂直结构,沿 26.5°N 做水成物垂直剖面图。图 7 显示,江西南部地区(114.5°—116°E)为冷暖混合云降水,其中过冷水主要位于 0～−20℃层(海拔高度 5000～8200 m),含量在 0.01～1 g/kg 之间,具有很好的冷云催化增雨潜力。

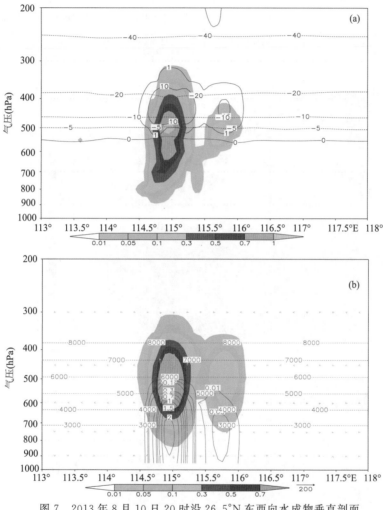

图 7　2013 年 8 月 10 日 20 时沿 26.5°N 东西向水成物垂直剖面

(a)云水(填色阴影),冰晶数浓度(红色等值线),等温线(紫色等值线);

(b)雪＋霰(填色阴影),雨(红色等值线),等高线(紫色等值线)

6　台风登陆后低压环流云系作业条件预报

6.1 作业潜力区预报

2013 年 8 月 18 日,受强台风"尤特"登陆后的低压环流云系影响,高温旱区迎来明显的降水过程。利用 8 月 17 日 08 时起报的预报产品,对 18 日作业条件进行预报。首先利用 17 日

14 时的中国气象局人工影响天气中心卫星反演产品对模式预报云带进行检验(图 8),模式预报的主云区位于贵州、广西、湖南交界附近,与反演产品相比基本接近,并且模式很好地预报出了安徽与湖北交界处的小云团。在此基础上,进一步分析云预报结果,对增雨潜力区进行预报。预报结果显示(图 9),8 月 18 日 08 时—19 日 08 时,重庆、湖北、河南、安徽、江苏等局地有分散云团覆盖,贵州、湖南、江西、广西、福建等地有大范围冷暖混合云系覆盖,稳定维持。旱区重庆南部、贵州大部、湖南大部、江西大部、广西北部过冷水含量较多,具有很好的催化潜力;湖北东北部、河南南部、安徽北部、江苏北部有分散性过冷水,有一定催化潜力。因此,预报 8 月 18 日 08 时—19 日 08 时主要增雨潜力区分布如图 9 中红圈范围所示。

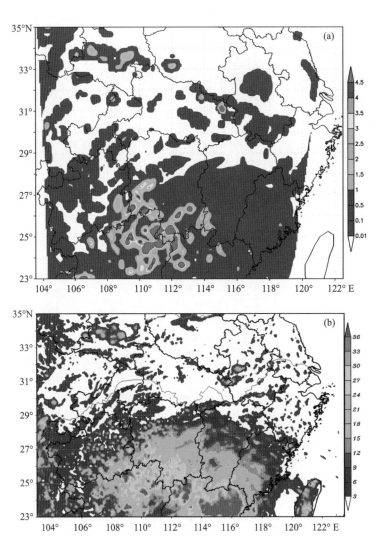

图 8　2013 年 8 月 17 日 14 时模式预报的云带(a,单位:mm)和卫星反演光学厚度(b)

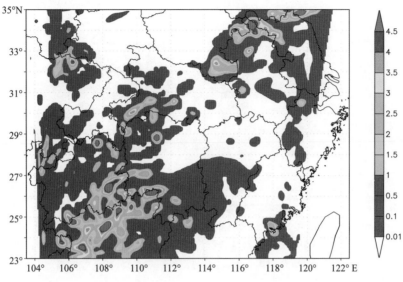

图 9　模式预报云带(阴影,单位:mm)和增雨催化潜力区(红色圈)分布图

6.2　潜力区云结构预报

为了分析潜力区云体垂直结构,分别沿 26.5°N 和 34°N 做水成物垂直剖面图。图 10 显示,贵州中部、湖南中部地区(108°—112°E)既有暖云降水、也有冷暖混合云降水,其中冷暖混合云中有过冷水,含量在 0.1 g/kg 以上,主要位于 0～－10℃层(海拔高度 5200～7000 m),具有很好的冷云催化增雨潜力;图 11 显示,安徽北部、江苏北部地区主要为冷暖混合云降水,过冷水含量较多,主要位于 0～－15℃层(海拔高度 5500～7500 m),具有一定的增雨潜力。

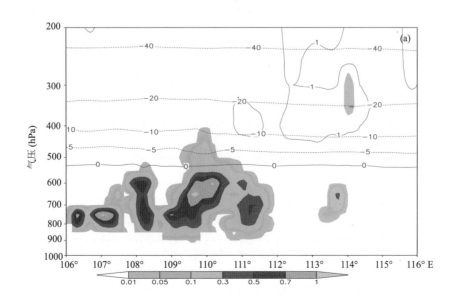

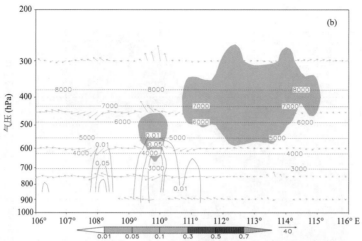

图10　2013 年 8 月 19 日 05 时沿 26.5°N 东西向水成物垂直剖面

（a）云水（填色阴影），冰晶数浓度（红色等值线），等温线（紫色等值线）；

（b）雪＋霰（填色阴影），雨（红色等值线），等高线（紫色等值线）

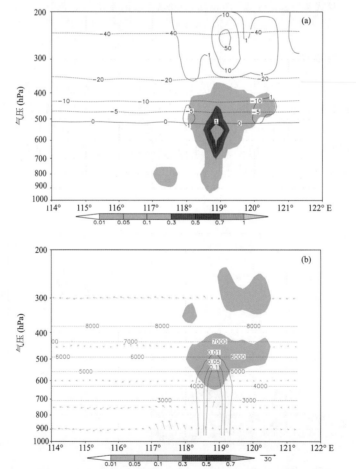

图11　2013 年 8 月 18 日 16 时沿 34.0°N 东西向水成物垂直剖面

（a）云水（填色阴影），冰晶数浓度（红色等值线），等温线（紫色等值线）；

（b）雪＋霰（填色阴影），雨（红色等值线），等高线（紫色等值线）

7　预报与实况对比

7.1　降水量对比

将代表了三种天气类型的三次过程的 24 小时累积预报降水与实况进行对比,如图 12 所示。8 月 3 日 08 时—4 日 08 时为台风外围云系降水,模式预报的高温旱区降水(图 12a)主要分布于贵州、湖南北部、湖北、安徽至江苏一带,降水量为 1～25 mm 之间,雨区范围比实况(图 12b)偏大,降水量级与实况基本吻合。8 月 10 日 08 时—11 日 08 时为副高内部局地对流性降水,模式预报的高温旱区降水(图 12c)主要分布于江西、贵州、安徽、江苏的部分地区,降水量为 5～50 mm 之间,与实况(图 12d)相比,比较好的预报出了副高内部分散性局地对流降水特征,准确预报了江西地区强降水的位置和量级。8 月 18 日 08 时—19 日 08 时为台风登陆后低压环流云系降水,模式预报的高温旱区降水(图 12e)主要分布于贵州大部、湖南大部、江西南部、湖北中部和安徽北部地区,降水量在 10～100 mm 之间,与实况(图 12f)基本吻合。

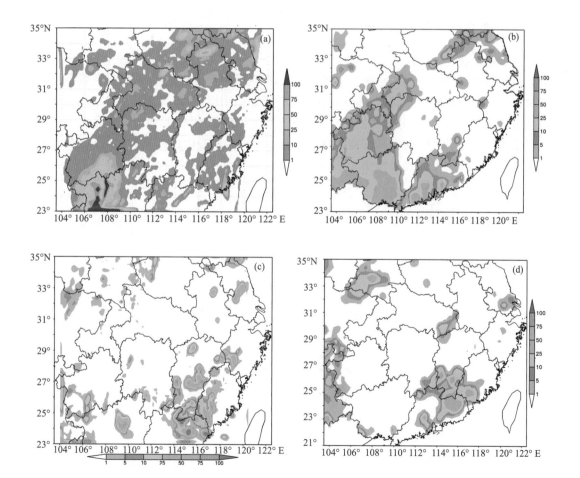

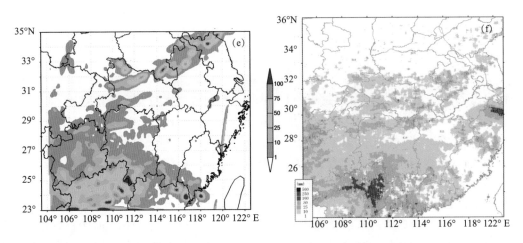

图 12　2013 年模式预报(a,c,e)与实况(b,d,f)累积降水对比(单位:mm)
(a,b)8 月 3 日 08 时—4 日 08 时;(c,d)8 月 10 日 08 时—11 日 08 时;(e,f)8 月 18 日 08 时—19 日 08 时

7.2　潜力区与作业区对比

　　根据各省上报作业信息对每日作业情况进行统计,见图 13,绿色阴影代表以市级(重庆除外)划分的地面作业区,红色阴影代表飞机作业区,蓝色数字代表高炮用弹量,红色数字代表火箭用弹量,颜色越深代表用弹量越多。对比实际作业区(图 13)和实况雨区(图 12),各旱区抓住有利时机积极作业,大部分地区出现小到中雨天气,少数地区作业后没有明显降雨。将模式预报的潜力区(红色圆圈)与实际作业区进行对比(图 13),从三次过程来看,预报的潜力区包含了飞机作业区和主要的地面作业区,潜力区范围比实际作业区范围偏小。

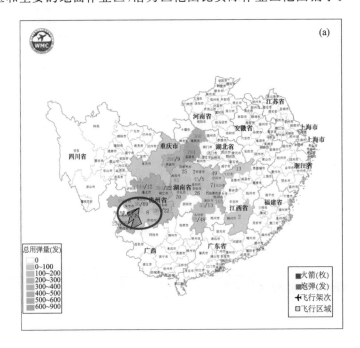

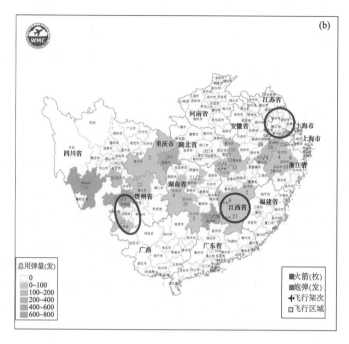

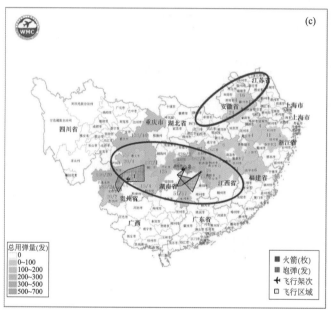

图 13 2013 年模式预报增雨潜力区(红圈)与实际作业区(绿色阴影:地面作业;红色阴影:飞机作业)对比
(a) 8 月 3 日;(b) 8 月 10 日;(c) 8 月 18 日

8 小结和讨论

2013 年夏季,我国南方出现大范围高温天气和严重的气象干旱。为缓解旱情,各地人影部门抓住有利时机进行增雨作业。8 月 1—22 日,中国气象局人工影响天气中心利用人影数值模式每日开展增雨作业条件预报服务工作,通过云带、过冷水、云垂直结构、降水等产品,分析增雨作业条件,为外场作业提供指导产品并制作专报 22 期。本文简要回顾了 2013 年 8 月的旱情和天气过程,重点对 2013 年 8 月增雨作业条件预报结果进行了分析。

8 月 1—22 日,我国南方高温旱区降水过程可分为三个阶段和三种类型。1—4 日台风外围云系降水;5—13 日,副高控制下局地对流性降水;14—22 日,台风登陆后低压环流云系降水。人影模式对台风外围云系和低压环流云系降水的范围和强度基本预报正确,对局地对流降水位置的预报略有偏差。利用卫星反演光学厚度检验模式预报的云带,大范围云系与实况卫星反演结果比较吻合,而且能够预报出局地对流云团。台风外围云系和低压环流云系既有暖云降水、也有冷暖混合云降水,冷暖混合云中有 0.01~0.3 g/kg 的过冷水,位于 0~−10℃之间,具有较好的冷云催化增雨潜力;副高内部局地对流云团基本为冷暖混合云降水,过冷水含量在 0.01~1 g/kg 之间,温度位于 0~−20℃之间,具有很好的冷云催化增雨潜力。根据预报产品分析得出的增雨潜力区包含了飞机增雨作业区和主要的地面作业区,但范围偏小。

以往对人工增雨条件的分析研究大多针对北方层状云,而南方夏季的降水类型一般为积层混合云以及对流云,针对此类型云的微物理结构和增雨条件的研究还需加强。对于数值预报模式而言,针对南方非均匀性云和降水的预报准确率有待进一步提高,尤其是局地对流性降水,15 km 的模式分辨率太粗,模式同时采用对流参数化方案和云微物理方案,有时会使云微物理方案模拟降水比例偏少,影响云场的预报,这需要对模式的时空分辨率、物理过程以及初始场等方面进行改进和完善。

参考文献

[1] 郑国光,郭学良. 人工影响天气科学技术现状及发展趋势. 中国工程科学,2012,**14**(9):20-27.

[2] Lou X F, Breed D. Model evaluations for winter orographic clouds with observations. *Chin. Sci. Bull.*, 2011,**56**(1):76-83.

[3] Lou X F, Shi Y Q, Sun J, *et al*. Cloud-resolving model for weather modification in China. *Chin. Sci. Bull.*, 2012,**57**(9):1055-1061.

[4] Hu Zhijin. CAMS cloud resolving model system. Chinese Academy of Meteorological Sciences Annual Report,18-20,2005.

[5] 楼小凤. MM5 模式的新显式云物理方案的建立和耦合及原微物理方案的对比分析. 2002.[博士学位论文]. 北京:北京大学地球物理系.

[6] 孙晶,楼小凤,胡志晋等. CAMS 复杂云微物理方案与 GRAPES 模式耦合的数值试验. 应用气象学报,2008,**19**(3):315-325

[7] Gao W H, Zhao F S, Hu Z J, *et al*. A two-moment bulk microphysics coupled with a mesoscale model WRF:Model description andfirst results. *Adv. Atmos. Sci.*, 2011,**28**(5):1184-1200.

[8] 史月琴,楼小凤,邓雪娇,等. 华南冷锋云系的中尺度和微物理特征模拟分析. 大气科学,2008a,**32**(5):1019-1036.

[9] 史月琴,楼小凤,邓雪娇,等. 华南冷锋云系的人工引晶催化数值试验. 大气科学,2008b,**32**(6):1256-1275.

[10] 孙晶,楼小凤,史月琴. 不同微物理方案对一次梅雨锋暴雨过程模拟的影响. 气象学报,2011,**69**(5):799-809.

[11] 杨舒楠,何立富. 2013 年 8 月大气环流和天气分析. 气象,2013,**39**(11):1521-1528.

2013 年夏季南方不同云系作业条件
监测分析和作业概况

蔡　淼[1]　周毓荃[1]　王　飞[1]　张中波[2]

1. 中国气象局人工影响天气中心，北京 100081；

2. 湖南省人工影响天气办公室，长沙 410118

摘　要　2013 年 8 月 1—22 日，中国气象局人工影响天气中心利用卫星、探空、雷达和地面等综合观测资料，基于云降水精细分析处理平台（CPAS）为南方高温旱区开展人工增雨进行作业条件的监测服务和作业的信息分析。本文首先简要介绍了云条件监测分析技术和分析系统，对服务期间的主要天气过程和南方旱区各省作业情况进行概况总结，重点分析了不同阶段的云系结构特征和作业条件。8 月 1—22 日，我国南方高温旱区云降水过程可分为三种类型。1—4 日为台风外围云系降水；5—13 日为副高控制下局地对流性降水；14—22 日为台风登陆后低压环流云系降水。利用卫星反演的逐小时云顶高度和光学厚度的连续演变，结合探空云系垂直结构分析，能追踪云系的发展和移动的宏微观结构特征。台风外围云系和低压环流云系的云层发展较为深厚，云系覆盖范围广，云中镶嵌有不均匀的对流云团，含水量较为丰沛，适合地面和飞机增雨作业。副高控制下的局地对流云降水过程持续时间短，云团覆盖范围小，生消快，更适合于地面作业。针对南方夏季积层混合云以及对流云的云宏微观结构和增雨条件的监测还需深入研究。

关键词：人工影响天气，高温干旱，作业条件，监测分析，作业概况

1　引言

　　人工影响天气作业的对象是具备了一定作业条件的云系，对不同动力条件下云系演变规律的深入认识及其宏微观物理参量的准确探测，是各地建立人工影天气作业指标、选择作业条件和时机，进行作业效果评估的重要依据。

　　气象卫星可以对地球大气进行大范围的监测，能获取很大范围内云系特征的参数及监视其演变过程，特别是随着卫星探测时间密度和空间探测精度的不断提高，更显示出其在人工影响天气领域广阔的开发应用前景。我国自主研发的风云二号静止卫星，可以获取全国范围的逐小时大气温湿廓线和云观测信息[1]。自 2005 年以来，中国气象局人工影响天气中心边应用边依托多个项目，跟踪 FY2 静止气象卫星的发展，从 FY2C 到 FY2F 进行持续的开发研究。周毓荃等[2,3]利用风云静止卫星观测资料融合其他多种观测，反演了云顶高度、云顶温度、云光学厚度等近 10 种云宏微观参量产品，在云降水结构分析和人工影响天气业务中得到初步应用[4~8]。我国业务布网的 L 波段探空能够获得空中各层温湿探测，周毓荃和欧建军[9]通过研究，发展了探空数据分析云垂直结构的方法，并将分析结果与 Cloudsat 云雷达和 ARM 地基云雷达进行对比分析，验证了相对湿度阈值法探空云分析技术的可行性。

　　雷暴识别追踪分析和临近预报系统（TITAN）是 20 世纪 90 年代美国国家大气研究中心

(NCAR)基于雷达观测体系研发的风暴识别、追踪、分析和预报系统。周毓荃和潘留杰等[10]根据 TITAN 结构,结合我国多种气象数据的特点,实现了卫星、雷达、探空、闪电、飞行作业航迹等数据的融合,自主完成了 TITAN 本地化移植,并利用移植的 TITAN 系统对典型个例和北京夏季风暴气候特征[11]进行了分析,显示了 TITAN 系统强大的雷达数据分析、雷暴追踪识别、统计分析、云降水的内部结构及风暴物理属性分析和外推预报的能力。完整地移植开发的 TITAN 系统,在短时临近预报、强对流天气预警分析、人工影响天气的作业条件及效果检验等方面有着广阔的应用前景。

　　2013 年夏季,受西太平洋副热带高压控制的影响,南方多省份 7 月份和 8 月上旬连续高温少雨,遭受了特大干旱灾害。各地积极抓住有利作业时机,积极开展了较大范围的人工增雨作业。在南方高温抗旱服务期间,中国气象局人工影响天气中心利用自主研发的云降水精细分析平台,对风云静止卫星反演产品、探空云分析产品、雷达降水回波以及地面降水等综合观测 资料进行可视化融合分析,对南方不同云系的作业条件进行监测分析。在此基础上,建立了基于卫星等综合观测反演云系宏微观物理参量的人工影响天气指导产品服务和国家级人工影响天气监测预测业务服务流程,并对 8 月抗旱服务以来的南方各省作业情况进行归纳总结。

2　监测分析技术和分析系统

2.1　监测分析技术和产品

2.1.1　静止卫星反演云参数产品

　　目前静止卫星反演云参量产品主要有七种,包括云黑体亮温、云顶高度、云顶温度和云体过冷层厚度四类宏观参量以及云光学厚度、云粒子有效半径和液水路径三类微观参量。各参量的定义和物理意义列于表 1。

表 1　基于 FY 静止卫星反演的云参数产品

名称	定义	意义
云黑体亮温(TBB)	卫星观测的下垫面物体(这里给出的是云顶)的亮度温度,单位为(℃)	有助于了解云系的发展演变趋势
云顶高度(Z_{top})	云顶相对地面的距离,单位为(km)	有助于了解云系的发展程度和演变趋势
云顶温度(T_{top})	云顶所在高度的温度,单位为(℃)	用于进行人工增雨云系播云温度窗的选择
云体过冷层厚度(H_{sc})	过冷层到云顶之间的厚度,单位为(km)	用于了解云系冷暖云垂直结构配置
云粒子有效半径(R_e)	在假设云层在水平均一且较厚的条件下,云顶粒子的有效半径,单位为(μm)	用于进行云顶粒子大小的判断
云光学厚度(O_{pt})	云系在整个路径上云消光的总和,为无量纲参数	用于了解云系垂直方向厚实程度
液水路径(L_{wp})	单位面积云体上的垂直方向的液水总量,单位为(g/m^2)	用于了解垂直方向上云水的丰沛程度

2.1.2 探空分析云垂直结构产品

根据周毓荃提出的探空云分析方法,可分析得到基于我国 L 波段探空秒数据的云垂直结构产品,如图 1 所示。图 1 为 2013 年 8 月 17 日 08 时郴州站的云垂直结构分析产品,图中横坐标表示温度/湿度,纵坐标分别为高度(单位为 km)和气压(单位为 hPa)。图中红线和数字表示零度层高度,绿色填充表示相对湿度大于 81% 识别的云区。由该图分析可知,2013 年 8 月 17 日 08 时,郴州为双层云,下层低云的云顶高度约 4.5 km,云底接地,上层中云的云底高度约 5.3 km,云底高度超过 8 km,零度层高度为 5125 m。

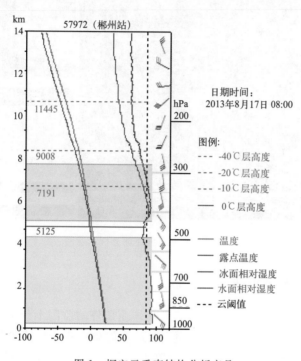

图 1 探空云垂直结构分析产品

2.1.3 雷达分析技术和产品

本地化移植的 TITAN 系统可以实现多部雷达拼图和风暴云的气候统计,具有强大的分析功能:(1)可以识别追踪对流云系自然变化和催化作业后的风暴体积、风暴质量、风暴面积、降水通量和垂直累积液态水含量随时间的变化,进而判断作业效果,这为进行效果检验和评估提供了十分有用的平台。(2)能够迅速提供反射率的剖面图,通过回波剖面能够分析云中的上升区域以及降水结构特征,有助于为人工催化作业提供科学的催化时间和催化部位,同时为作业飞机飞行路线提供指导。(3)能够提供冰雹云的高空冰雹质量、垂直累积冰雹质量、动能通量、垂直积分液态水含量等多种物理参量,并能计算出降雹概率,有利于判断发生降雹的可能性,从而为是否需要进行人影作业提供条件识别。图 2 为 TITAN 系统的处理分析示意图。

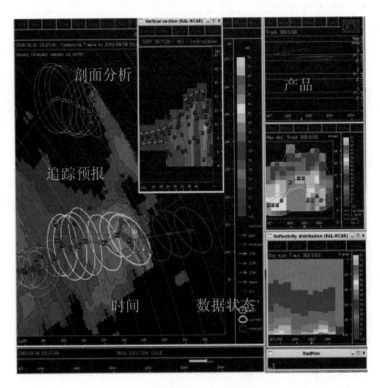

剖面分析

追踪预报

产品

时间　　　　数据状态

图 2　TITAN 系统处理分析示意图

2.2　云降水精细分析处理平台（CPAS）

云降水的实时精准分析,对于人工影响天气作业条件的监测十分重要。由于各种遥感观测信息的复杂,将直接的遥感观测信息定量、精细、实时地应用于云降水的精细预测分析和人工影响天气业务十分困难。根据短时临近云降水精细追踪预测及人工播云条件分析和播云效果的分析等业务急需,在国家"十一五"重点科技支撑项目、行业专项和相关业务项目的支持下,中国气象局人工影响天气中心研制开发了基于综合观测的云降水精细分析系统(Cloud Precipitation Process and Accurate Analysis System,简称 CPAS)。

该系统基于卫星、探空、雷达、地面和飞机等综合观测,针对云降水特征参量分析的特点和分析处理方法,实现了多种功能:云降水时间序列分析、云和降水垂直剖面分析、云参数 T-R_e 分析、区域云降水参量统计分析以及云系任意部位的垂直结构探空云分析等功能。这对于追踪预测不同动力条件下云降水的演变规律,追踪识别不同云系云参数和降水的关系,分析播云条件等,都将具有十分重要的意义。

2.3　云结构和作业条件监测业务流程

国家级人工影响天气云结构和作业条件监测的业务流程如图 3 所示。首先对卫星、雷达、探空和地面等各类观测数据进行采集。再通过云降水反演处理系统,对卫星和探空资料进行反演和加工处理,得到云顶高度、云顶温度、云光学厚度等七类云降水反演产品和云垂直结构产品。由于静止卫星的一个完整扫描周期约 25 min,每个时刻的卫星反演产品于半点时刻启动反演,生成的云参数反演产品延迟一小时推送至南方各省;每日早晚9时左右可生成早晚8时的全国 L 波段探空秒数据云垂直结构分析产品。最后,利用云降水精细分析处理平台,对反演生成的云降水特征参量和云垂直结构进行综合分析,检验模式预报的结果,制作和发布云条件监测产品。

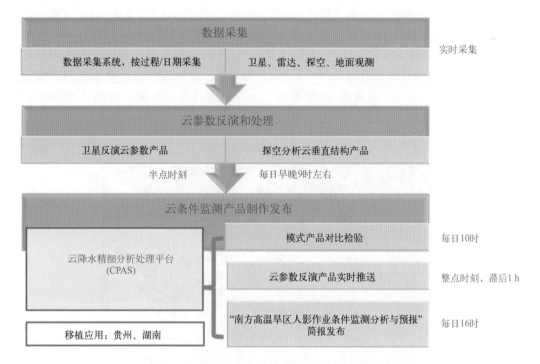

图 3　国家级云降水结构和作业条件监测流程

3　主要天气过程

根据卫星对云系的监测和旱情的发展演变(详见第 4 节分析),8 月 1—22 日,我国南方高温旱区降水过程可分为三个阶段,分别为:(1)8 月 1—4 日,受强热带风暴"飞燕"外围云系影响,南方高温旱区的贵州、重庆等地产生降水;(2)8 月 5—13 日,副热带高压西伸,5880 gpm 等位势高度线控制范围扩大,南方高温旱区炎热少雨,仅零散地区出现局部对流性降水天气;(3)8 月 14—22 日,副热带高压北抬,受 14 日强台风"尤特"登陆影响,南方高温旱区出现大范围强降水,旱情得到缓解。

4　不同云系结构特征和作业条件分析

如何对云系结构特征进行监测,分析云系作业条件,是人工影响天气的关键问题。本节将利用卫星、探空、雷达和雨量等综合观测资料,讨论不同云系的云结构监测和作业条件分析方法。

4.1　台风外围云系结构监测

　　根据 FY2E 卫星反演的云顶高度和云顶温度,可以逐小时追踪云系的发展和移动。分析 8 月 3—4 日逐小时的云顶高度图可见(图 4a,以 8 月 3 日 14 时为例),8 月 3 日,受台风"飞燕" 影响,其外围带状云系自西南向东北依次覆盖贵州、重庆、湖南、江西、安徽、浙江等省,云系不断向东北方向移动并发展,云顶普遍高于 4 km,云带西南端的积云顶高度达 13 km。对比云光学厚度的分布和发展演变(图 4b,以 8 月 3 日 14 时为例),在云顶发展较高的西南地区,云光学厚度也较大,云中有多个分散的强中心,数值超过 30,说明云中含水量丰沛,有利于地面降水的形成。随着云系的不断发展,光学厚度大值区也向我国中部地区移动,4 日湖北、河南和安徽一带光学厚度较大,适合开展人工增雨作业。

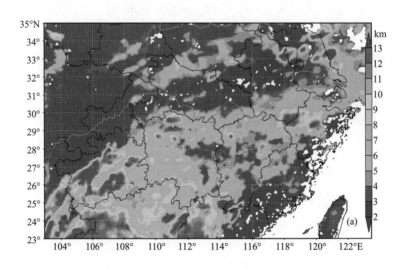

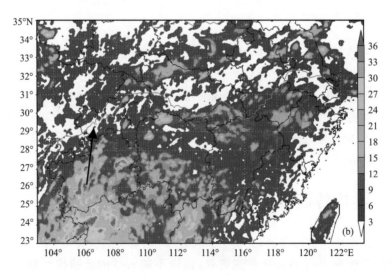

图 4　2013 年 8 月 3 日 14 时 FY-2E 卫星反演云顶高度(a,单位:km)和云光学厚度(b)分布

为了解云系的垂直结构,沿着图中所示箭头方向,做云系的探空垂直结构分析,结果列于图 5。台风外围的贵阳和百色站云系整体表现为多层云结构。3 日 08 时到 20 时,两站的下层云都不断发展加深,相对湿度大于 80% 的云区较为深厚,零度层高度约 5 km,零度层向上有较为深厚的过冷层,同时云底接地,有利于开展人工增雨作业。

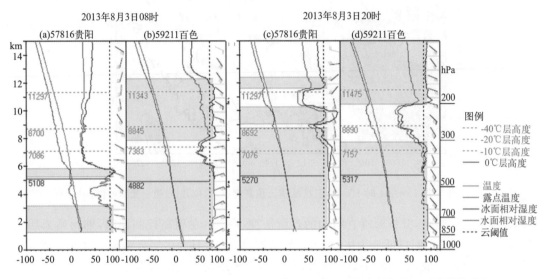

图 5　2013 年 8 月 3 日 08 时(a,b)和 20 时(c,d)贵阳和百色的探空云垂直结构分析

4.2　副热带高压控制局地对流云结构监测

对 8 月 5—13 日卫星反演的云顶高度和云光学厚度进行逐小时连续演变监测(图 6,以 8 月 11 日 14 时为例),可见我国南方旱区普遍晴朗少云,其中浙江和福建午后对流发展多而旺盛,云系生消快,生命史很短,通常只有几个小时;湖南和江西对流少,贵州受西部系统影响多。云光学厚度图上有零散的液水核,面积较小,但强中心也可达 30,地面易形成短时对流降水,有一定的作业条件。

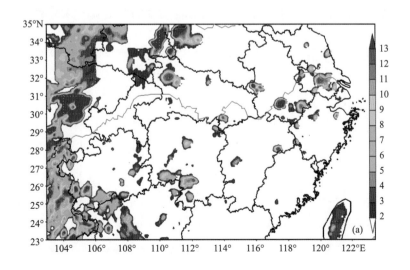

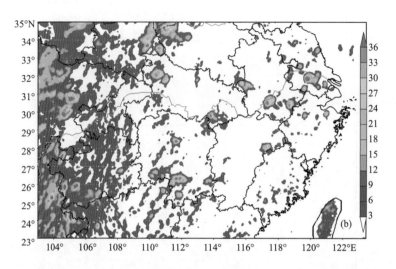

图 6　2013 年 8 月 11 日 14 时 FY-2E 卫星反演云顶高度（a，单位：km）和云光学厚度（b）分布

以湖南郴州站为例，分析云垂直结构的连续演变（图 7），在副高控制期间，郴州站云层发展都很稀薄，6—9 日期间以低云为主，且云很快消散；11—12 日为多层云结构。这类云结构不利于持续性降水的形成，易引发午后对流性降水，适合于地面人工增雨作业。

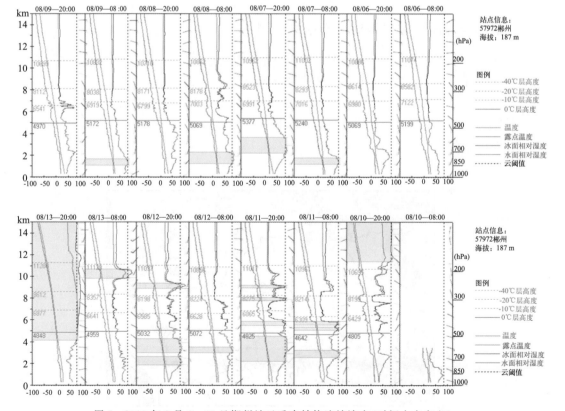

图 7　2013 年 8 月 6—13 日郴州站云垂直结构连续演变（时间由右向左）

4.3 台风登陆后低压环流云系结构监测

4.3.1 云系整体演变特征

对 8 月 14—19 日的卫星反演云参量进行连续监测分析(图 8 和图 9),台风"尤特"从我国南方沿海地区不断向内陆发展移动,云系覆盖范围广,影响面积大,持续时间长。结合云顶高度和光学厚度的连续演变可见:14 日台风登陆时,云系的"螺旋形"结构十分清晰,10 km 以上的云顶高度大值中心不断扩展,16 日和 17 日达到最强,在云顶发展旺盛的区域,云光学厚度也较大,台风中心的数值超过 30,在云系外围边缘有多个零散的液水强中心。18 日起云系移至内陆并开始减弱,云系结构松散,由"螺旋"型转为大片的积层混合云,且面积不断减小,云中依然分散着多个对流泡。

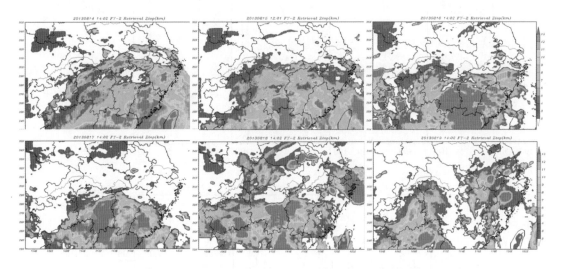

图 8 2013 年 8 月 14—19 日每日 14 时云顶高度分布(单位:km)

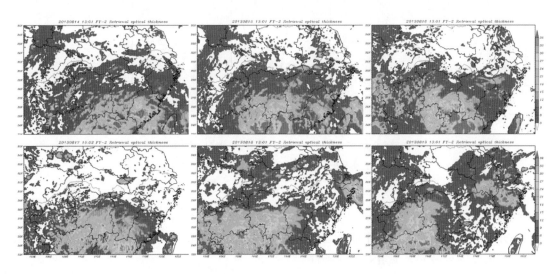

图 9 2013 年 8 月 14—19 日每日 13 时云光学厚度分布

　　沿着台风云系中心自西向东做剖面,分析云系的垂直结构,结果列于图 10。根据探空云分析结果,8 月 17—18 日,贵阳、桂林、郴州和赣县均受台风影响,贵阳位于云系最外围,为双层和多层云结构,但云中夹层很薄,桂林、郴州和赣县均为单层云,云层十分深厚。各地云垂直发展十分旺盛,云底接地,0℃层高度在 5 km 左右,云顶高度约为 10~12 km,十分有利于地面降水的发生发展和人工增雨作业的实施。

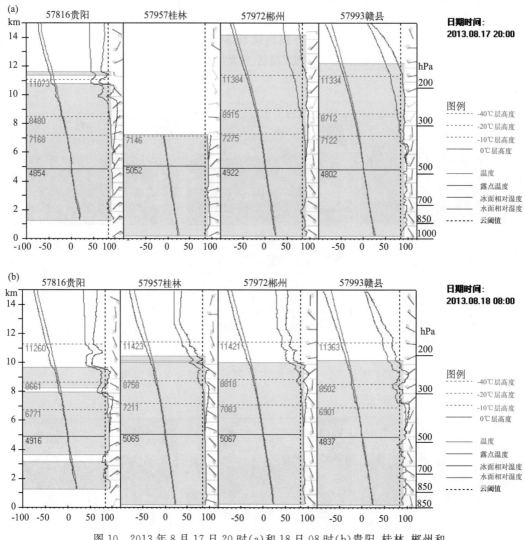

图 10　2013 年 8 月 17 日 20 时(a)和 18 日 08 时(b)贵阳、桂林、郴州和
赣县的探空云垂直结构剖面分析

4.3.2　作业条件分析

　　"尤特"台风登陆前,各地高温干旱持续时间久,因此南方各省都十分重视本次降水过程,各地都开展了大量的人工增雨作业。以旱情最为严重的贵州和湖南为例,利用 CPAS 平台细致分析台风外围云系的人工增雨作业条件。

　　(1)区域云参量统计

　　利用 CPAS 平台的区域统计功能,可对关注区域的云降水参量进行统计分析。如图 11 所示,对贵州和湖南区域的卫星反演云光学厚度做统计,18 日贵州和湖南一带的云光学厚度普遍较大,数值大多在 20～32 之间,光学厚度值小于 16 的样本较少,两个区域的光学厚度平均值都大于 20,非常有利于降水。

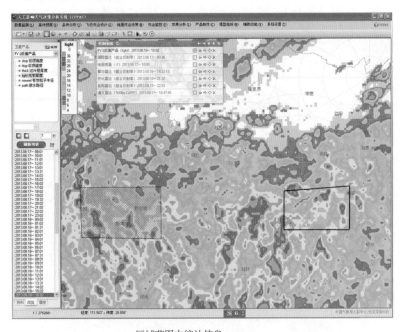

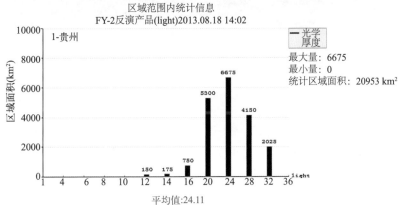

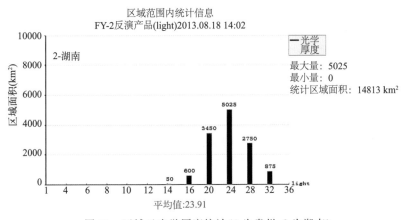

图 11　区域云光学厚度统计(1 为贵州,2 为湖南)

（2）T-R_e 垂直结构分析

利用 CPAS 平台的 T-R_e 分析功能，分析贵州和湖南地区的云系垂直结构，如图 12 所示。18 日 13 时，贵州地区的云系在冷区有很多小粒子，粒子有效半径只有 5 μm，说明云中过冷水丰沛，小粒子通过凝结过程缓慢增长，凝结增长层十分深厚，可延伸至 -20℃层，在该高度

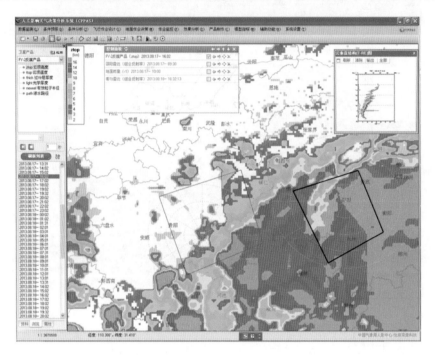

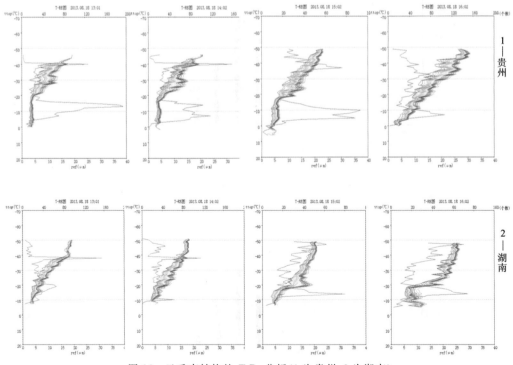

图 12　云垂直结构的 T-R_e 分析（1 为贵州，2 为湖南）

层以上云中冰晶粒子较多,粒子通过冰水转换机制迅速增长,并超过降水阈值;14—16 时,凝结增长层逐渐变薄,粒子通过碰并增长迅速超过降水阈值,云顶冰晶粒子尺度很大,易形成降水。湖南地区的云系 T-R_e 垂直结构与贵州相似,云底由过冷水滴组成,随着云系发展,凝结增长层逐渐变薄,高层粒子尺度增长明显,超过降水阈值 14 μm。这类典型的降水云垂直结构表明,云中过冷水丰沛,适合于飞机冷云播撒作业。

对比分析 18 日江浙皖一带的对流云垂直结构(图 13)分析,发现不同云系的垂直结构有明显差异。局地对流云系的 T-R_e 图上,午后有很多初生的暖积云,云顶高度约 20℃,云粒子尺度很小,有效半径不到 10 μm,粒子通过凝结增长过程缓慢增长,同时云中较强的上升气流把小粒子托到高层,因此凝结增长层十分深厚,在没有明显的降水层,粒子在混合层不断长大,云顶不断抬升,超过 −60℃。

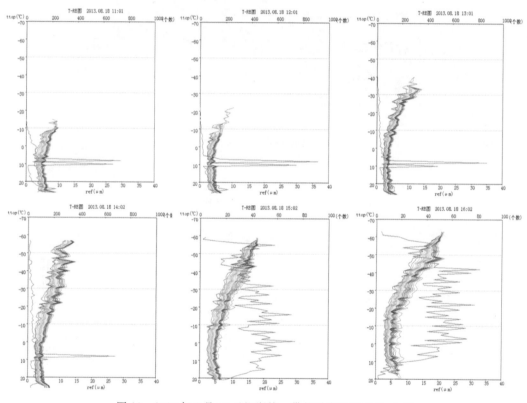

图 13　2013 年 8 月 18 日江浙皖一带的对流云系 T-R_e 分析

(3)云降水垂直结构的综合监测

利用 CPAS 平台对卫星反演云参量、雷达回波和地面降水观测资料进行综合分析,可监测追踪云降水发展的垂直结构特征及其演变。如图 14 所示,18 日贵州和湖南地区受台风外围云系影响,均表现为云顶高、云光学厚度大,雷达降水回波比较深厚,回波强中心位于 6 km 以下,且地面降水范围广,且随着云系不断向西发展,云降水均增强。

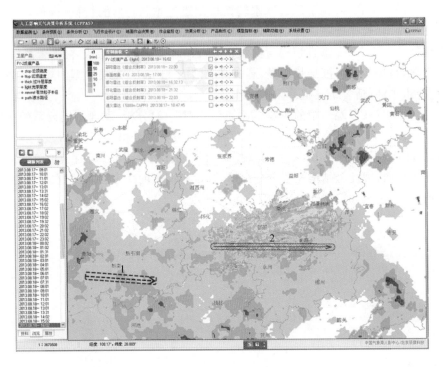

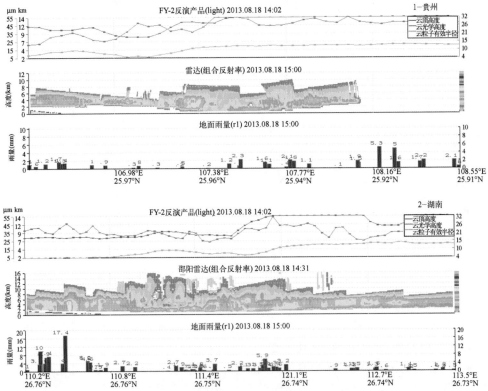

图 14　2013 年 8 月 18 日 14 时云降水垂直结构的剖面分析（1 为贵州，2 为湖南）

5 作业概况

利用 CPAS 的作业信息处理分析系统,对 8 月南方干旱期间各地的作业情况进行了初步统计和分析。

5.1 总体概况

随着旱情不断加重,南方各省抓住有利时机,采取了积极有效的作业方式,开展了大量的地面增雨作业,部分有条件的省份还组织实施了飞机人工增雨。8 月 1—22 日,南方旱区总体作业情况列于图 15。总体来说,在旱情比较严重的贵州、湖南和江西、湖北、重庆等地,地面作业量较大,其中,湖南和贵州还各开展了 11 架次的飞机增雨作业。根据各地上报统计,重庆市组织 27 个区县开展了人工增雨防雹作业,湖北各地采用多种方式,开展了人工影响天气抗旱服务工作,开展了大规模的地面人工增雨作业并实施飞机人工增雨作业 17 架次,累计飞行催化约 25 小时,燃烧碘化银烟条 170 根。湖南省 7 月至 9 月 14 市(州)82 县(市、区)作业 1856次,开展飞机作业 12 架次,飞行时间 30 小时,飞行距离达到 10000 km。燃烧碘化银烟条120 根。贵州省积极开展飞机增雨作业 13 架次,地面作业 1040 次,累计影响面积达到 24.3万 km²。各地的增雨作业取得了良好的经济效益和社会效益。

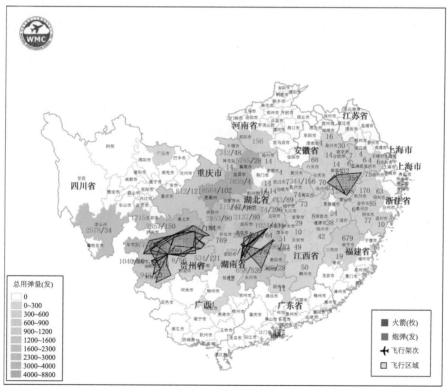

图 15   2013 年 8 月 1—22 日南方旱区作业统计图

5.2 不同阶段的作业概况

分析不同降水阶段的南方旱区作业情况(图 16—18)可见:8 月 1—4 日,我国南方大部分地区降水较小,受强热带风暴"飞燕"外围云系影响,贵州、重庆等地产生降水,对比分析地面作业情况可见,贵州和重庆的地面作业次数较多,总用弹量超过 1000 枚,其中贵州还组织了飞机人工增雨;江浙地区主要为对流云降水,也有一定的地面作业。8 月 5—13 日,受副热带高压影响,南方高温旱区普遍炎热少雨,各省作业次数相对较少。8 月 14 日起,强台风"尤特"在广东登陆并向内陆移动,南方旱区出现大范围强降水,各地抓住有利时机,广泛开展了飞机和地面增雨作业,作业次数、作业面积和用弹量比前期显著增多,其中,贵州、湖南等重旱省份组织了多架次飞机增雨作业,旱情得到缓解。

南方旱区的作业情况与地面降水的分布有较好的对应,在作业量较大的区域,地面降水也多于周边区域。对于台风外围的积层混合云系,云中含水量丰沛,有利于飞机增雨;对于局地发展的对流云系,更适合地面作业。

6　总结和讨论

2013 年夏季,我国南方出现大范围高温干旱,为缓解旱情,各地人影部门抓住有利时机进行增雨作业。8 月 1—22 日,中国气象局人工影响天气中心利用卫星、探空、雷达和地面等综合观测资料,基于云降水精细分析处理平台(CPAS)为南方高温旱区开展人工增雨作业条件监测服务工作,为外场作业提供指导产品。本文首先对简要介绍了云条件监测分析技术和分析系统,并对服务期间的主要天气过程和南方旱区各省作业情况进行概况总结,重点分析了不同阶段的云系结构特征和作业条件。主要结论有:

(1)8 月 1—22 日,我国南方高温旱区云降水过程可分为 3 种类型。1—4 日为台风外围云系降水;5—13 日为副高控制下局地对流性降水;14—22 日为台风登陆后低压环流云系降水。南方旱区的作业情况与地面降水的分布有较好的对应,在作业量较大的区域,地面降水也多于周边区域。

(2)利用 CPAS 云降水精细分析平台,对卫星、探空、雷达和地面降水等观测资料融合反演的云降水特征参量和云结构进行精细化分析,对于追踪云系的发展演变,分析云系作业条件,有较好的指示意义,在业务中有较强的实用性和时效性。

(3)不同云系的云结构有明显差异,对于台风外围的积层混合云系,云系发展旺盛,云中含水量丰沛,云光学厚度大,有利于飞机人工增雨;对于局地发展的对流云系,云系生消快,生命史短,更适合地面作业。

以往对云降水结构和人工增雨条件的分析研究大多针对北方层状云,而南方夏季的降水类型一般为积层混合云以及对流云,针对此类型云的宏微观结构和增雨条件的研究还需加强。针对南方非均匀性云和降水监测和追踪的时效性有待进一步提高,尤其是局地对流性降水,还需加强雷达的追踪预警分析。

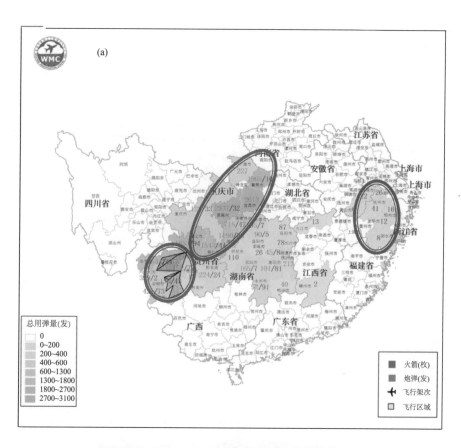

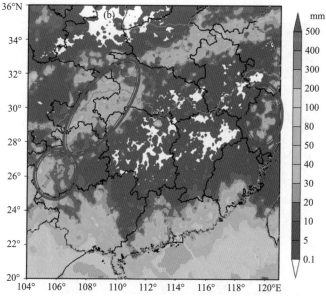

图 16　2013 年 8 月 1—4 日南方旱区作业统计(a)和累积雨量分布(b)

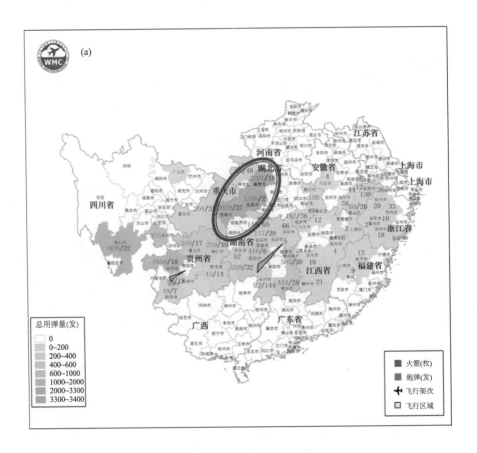

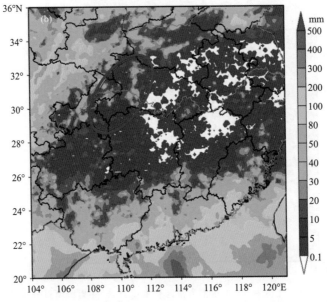

图 17　2013 年 8 月 5—13 日南方旱区作业统计(a)和累积雨量分布(b)

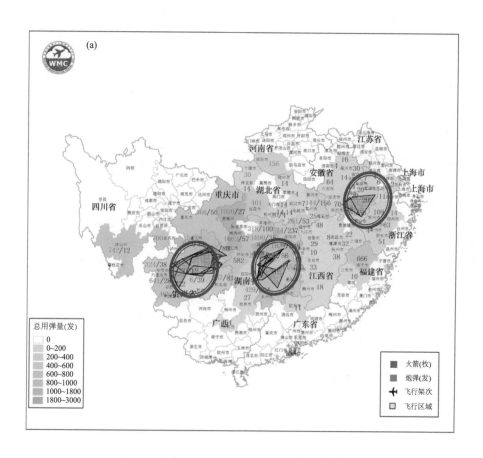

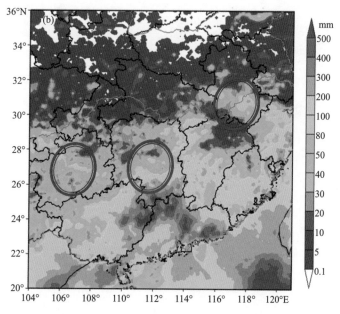

图 18　2013 年 8 月 14—22 日南方旱区作业统计(a)和累积雨量分布(b)

参考文献

[1] 方宗义，许健民,等. 中国气象卫星和卫星气象研究的回顾和发展. 气象学报,2004,**62**(5):550-561.

[2] 陈英英,周毓荃,毛节泰,等.利用 FY-2C 静止卫星资料反演云粒子有效半径的试验研究. 气象,2007,**33**(4):29-34.

[3] 周毓荃,陈英英,等. 用 FY-2C/ D 卫星等综合观测资料反演云物理特性产品及检验. 气象,2008,**34**(2):27-37.

[4] 陈英英,唐仁茂,周毓荃,等.FY-2C/D 卫星微物理特征参数产品在地面降水分析中的应用.气象,2009,**35**(2):15-18.

[5] 廖向花，周毓荃,等. 重庆一次超级单体风暴的综合分析. 高原气象,2010,**29**(6):1556-1564.

[6] 蔡淼,周毓荃,朱彬.一次对流云团合并的卫星等综合观测分析.大气科学学报,2011,**34**(2):170-179.

[7] 周毓荃,蔡淼,欧建军,等. 云特征参数与降水相关性的研究.大气科学学报, 2011,**34**(6): 641-652.

[8] 李宏宇,周嵬,周毓荃.人工消(减)雨作业中卫星反演云特征参量变化.气象,2008,**34**(专刊).

[9] 周毓荃,欧建军.利用探空数据分析云垂直结构的方法及其应用研究.气象,2010,**36**(11):50-58.

[10] 周毓荃,潘留杰,张亚萍等.TITAN 系统的移植开发及个例应用.大气科学学报,2009,**32**(6):752-764.

[11] 潘留杰,朱伟军,周毓荃等.环北京地区八月风暴云的气候分布特征.高原气象,2010,**29**(6):1579-1586.

第二部分

南方旱区各省(区、市)人工影响天气服务典型个例分析

重庆盛夏一次地面人工增雨作业过程的综合分析

廖向花　张逸轩

重庆市人工影响天气办公室,重庆 401147

摘　要　利用 FY2E 卫星反演的云参数产品、雷达和地面降水等资料,对 2013 年盛夏重庆一次地面人工增雨作业过程进行了综合分析。结果表明:此次过程受高空低槽东移、中低层切变,以及北方冷空气的共同影响,增雨作业分为四个阶段,前三个阶段主要作业对象为对流性云系,第四阶段为层状云和积层混合云系;整个过程作业时机把握较好,均在云系发生发展阶段,催化比较有效。卫星反演的云顶高度、云中液水含量及光学厚度等产品与雷达回波、地面降水的分布及演变一致性较好,其中云中液水含量及光学厚度等大值区显示具有较好的降水潜力,对识别人工增雨作业条件潜力区有较大的指导意义。

关键词:卫星反演云参数,雷达回波,人工增雨,潜力

1　引言

2013 年夏季,全国南方出现了大范围气象干旱,重庆在 7 月上旬—8 月下旬也出现了明显的旱情,长江沿线及其以南地区气象干旱相对较重。长时间的干旱对农业、工业用水造成较大的影响,部分无水源的山区的生活用水只能依靠送水解决。人工增雨作业是缓解水资源的短缺,减轻气象干旱灾害损失的有效措施。做好人工增雨作业条件的识别、云降水特征的分析、作业效果的检验评估是非常关键的环节。2013 年 8 月 28—30 日,重庆市抓住作业时机,组织 27 个区县开展了人工增雨防雹作业,共发射高炮弹 1386 发,火箭弹 216 枚,全市大部分地区的气象干旱明显缓解。

本文针对此次天气过程,着重利用卫星、雷达、探空资料,结合风廓线雷达和地面小时雨量等资料对本次降水云系发生发展、云降水条件的识别、作业前后云系宏微观特征的演变以及作业效果进行了综合分析。

2　资料和方法

资料包括:MICAPS 气象资料(形势场、物理量场、水汽场)、重庆 4 部多普勒雷达资料(万州、黔江、重庆、永川)、地面自动站及含区域站的小时雨量资料、风廓线雷达观测资料、FY2E 卫星加密观测资料和云参数反演产品[1]、GRAPES 模式预报产品资料、地面火箭和高炮作业资料等,主要利用本地化后的云降水精细化分析平台,对 2013 年 8 月 28—30 日大规模地面作业过程的方案制作、作业指挥、效果评估进行综合分析。

3　天气形势分析

本次过程受副高东退、高空低槽东移、中低层切变以及北方冷空气的共同影响,在重庆全境范围产生了一次比较明显的降温降雨天气过程。整个系统自北向南、向东移动,移速较快,以对流性降水为主,出现了短时强降水。从降水分布图(图 1)可以看出,降水主要集中在西部、东北部及中部地区,普遍为小到中雨,长江沿线以北、中部偏南地区为大到暴雨。作业时段主要分为四个阶段:第一阶段为 28 日 23:00—29 日 05:00,主要是西部偏北及东北部部分地区;第二阶段为 29 日 05:00—11:00,主要集中在东北部中部的丰都。第三阶段为 29 日 15:00—24:00,主要为东南部地区;第四阶段为 30 日 05:00—10:00,主要为中部偏南地区。整个作业集中区与降雨集中区的分布比较一致。

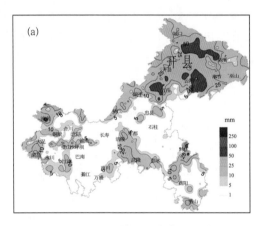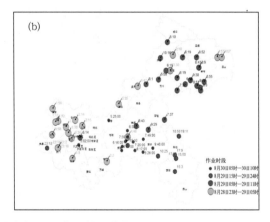

图 1　重庆市人工增雨过程雨量分布(a)和作业情况分布图(b)
(时段:2013 年 8 月 28 日 20:00—30 日 08:00)

3.1　增雨作业情况

2013 年 8 月 28 日 23:00 至 30 日 10:00,重庆市永川、荣昌、江津、璧山、铜梁、大足、长寿、合川、潼南、渝北、北碚、垫江、沙坪坝、梁平、涪陵、丰都、云阳、万州、开县、巫山、奉节、石柱、黔江、酉阳、武隆、南川、彭水等 27 个区县开展了人工增雨防雹作业,共发射高炮弹 1386 发,火箭弹 216 枚,作业范围覆盖了全市大部分地区。本次作业区域普降小到中雨,局部大到暴雨、无冰雹灾害,基本解除了我市持续两月的气象干旱,取得了明显的经济社会效益。

3.2　天气形势分析

分析 8 月 28 日天气形势(图 2),08 时 500 hPa 从河套至甘肃东部有一明显低槽,到 20 时,低槽移至陕西到四川中部;08 时 700 hPa 陕西南部到四川中部有一明显切变,到 20 时切变东南压,位于陕西南部至四川东部;850 hPa 图上,08 时低层切变位于重庆以北,呈东北－西南向分布,至 20 时,已经南压到重庆市长江沿线以南。随着水汽通道的建立,700 hPa 相对湿度

(图 3)不断上升,28 日 20 时,高湿区位于长江沿线以北,29 日 08 时,重庆大部地区位于高湿区,至 20 时,高湿区东南压,位于长江沿线以南。整个降水带的时间演变与天气系统、湿度场的演变非常一致。

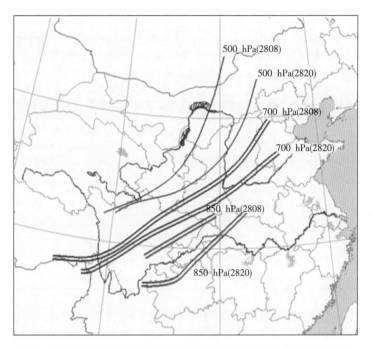

图 2　2013 年 8 月 28 日 08 时(2808)和 20 时(2820)高空形势分析

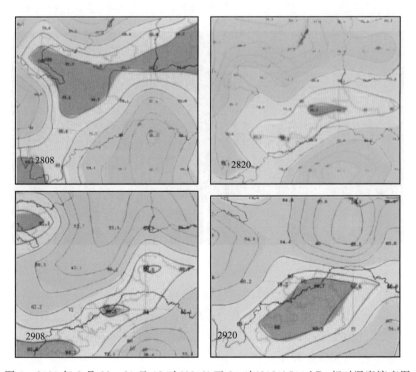

图 3　2013 年 8 月 28—29 日 08 时(2808)至 20 时(2920)700 hPa 相对湿度演变图

3.3 物理量场分析

　　沙氏指数、K 指数、对流有效位能($CAPE$)、垂直风切变等是衡量大气稳定度的重要判别指标[2]。分析 8 月 28 日 08:00 的探空资料得出:重庆周围 3 个探空站的 K 指数均比较高,SI 指数在 28 日 20:00 均为负值,重庆上空存在着潜在的对流性不稳定,特别是达州站 $CAPE$ 值均较大,对流发生前为晴空少云天气,地面增温明显,不稳定能量积聚充分,但零度层高度达 5500 m 左右,不易发生冰雹但易产生短时强降水等强对流天气。

表 1　2013 年 8 月 28 日 08 时和 20 时重庆周围探空站的物理量分析

时间	站点	K	SI	$CAPE$	−20℃层高度 (m)	0℃层高度 (m)	$\Delta\theta_{se}$(℃) (500~800 hPa)
08 时	沙坪坝	36	0.5	597	8848	5551	−14.7
	达州	41	−1.64	1319	8842	5682	−18.5
	恩施	30	−2.47	565	8761	5420	−15.3
20 时	沙坪坝	42	−2.41	768.3	9162	5554	−21
	达州	45	−2.93	2476	8920	5695	−25.3
	恩施	39	−1.59	1689	8920	5565	−15.4

　　从风廓线产品分析,28 日 20:00 低层为偏北风,23:30 转为偏东风,23:50 转成西南风,风速加大,00:30 低层风速达 12 m/s,水汽输送加强。此时低层向高层逐渐顺转为偏南风,整层风切变还不明显。到 29 日 08:00 中低层出现明显的风切变,高空偏北气流加强,有冷平流输送;动力场和水汽场都朝有利于降水的形势发展,对人工增雨作业逐渐变得有利。

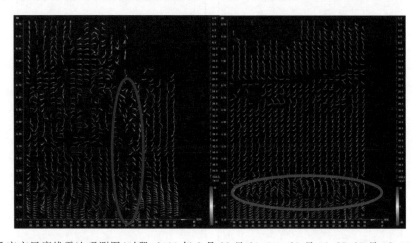

图 4　重庆市风廓线雷达观测图(时段:2013 年 8 月 28 日 23:30—29 日 01:25;29 日 08:00—09:45)

　　利用本地运行的 GRAPES 数值模式产品(图略)分析:重庆上空自 28 日 23:00 开始,在东北部偏北、西部部分地区水汽含量逐渐丰富,重庆偏西、东北偏北地区开始出现较好的作业条件。模式预报主体过程在 29 日 17:00 以后,这与实际情况有一定偏差。29 日 17:00 后,我市降水实况主要集中在中部偏南和东南部部分地区。

　　按照周毓荃等(2010)提出的利用探空数据分析云垂直结构的方法[3],分析沙坪坝上空的云系垂直结构特征,表明:此次过程渝西地区从 28 日 20:00 以后开始,中层风切变增强,整层相对湿度增加,到 29 日 08:00,站点上空云系发展比较旺盛,云底 800 m,低层云厚约为 4 km,0℃层高度降低为 4800 m 左右,在 8 km 以上的高层有 3 km 厚的冷云;低层云结构状态一直维持到 29 日 20:00。

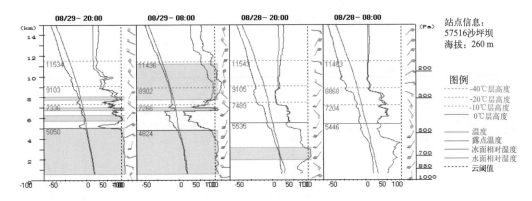

图 5　重庆市沙坪坝站(57516)L 探空分析的云垂直结构图(2013 年 8 月 28 日 08:00—29 日 20:00)

综合各类资料分析,得出 8 月 28 日夜间到 29 日白天重庆市人工增雨等级预报,渝西、渝东北、渝东南增雨作业条件为 3 级,比较有利,渝东南增雨作业条件为 2 级,增雨条件一般。市人影办于 8 月 27 日下午发布了作业预警通知,28 日再次下发作业通知,要求区县做好准备,大力开展地面人工增雨作业。

4　增雨作业实况及检验

此次增雨作业过程主要集中在四个阶段。28 日 23:00—29 日 05:00;29 日 04:00—10:00;29 日 15:00—19:00;30 日 05:00—10:00。将作业后站点附近雨量站雨量的变化进行统计分析。共作业 35 站次,作业后雨量明显增加有 33 站次,作业前后均未降水有 2 站次,占 5.7%。作业后 1 h 雨量增加最为明显的占 65.7%,催化作业后 0~3 h 比 3~6 h 降水量大的为 91.4%。此次作业过程对作业时机把握较好,有效率为 94.3%。

表 2　作业实况分析

项目	作业站次	作业后雨量增加	作业后 2~3 h 均值与作业后 1 h 相比雨量减少	作业后 3~6 h 与作业后 0~3 h 相比雨量减少	作业前后雨量均为 0 mm
站次	35	33	23	32	2
百分比		94.3%	65.7%	91.4%	5.7%

4.1　第一阶段作业分析(2013 年 8 月 28 日 23:00—29 日 05:00)

28 日 22:00,我市西部偏西偏南地区开始有对流云系生成,大足、永川、江津一线出现了对流单体。利用云精细化分析平台,分析卫星反演产品、雷达与地面雨量,可以看出卫星反演的云顶高度与雷达回波展示的云顶高度变化趋势一致,与地面小时雨量的变化也有较好的对应关系。23:00,市人影办指挥永川、璧山、大足、江津相继开展火箭作业。随后,西部的系统向东北方向移动,切变系统南压,降水集中在长江沿线以北地区。

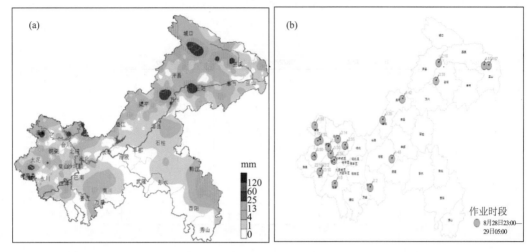

图 6　2013 年 8 月 28 日 23 时—29 日 05 时雨量分布(a)和作业情况分布图(b)

4.1.1　作业前后降水量分析

以作业站点附近或者下风方最近的站点雨量数据为依据,对作业前后雨量的变化进行了统计分析。第一阶段作业前,作业站点附近基本无雨或为零星小雨,潼南和垫江作业前分别下了 4.9 和 2.8 mm;作业后 1 小时内,除沙坪坝和开县雨量变化不大以外,其余 10 个站点雨量增大明显,潼南和梁平小时降雨量达 20 mm 以上,作业后 2~3 h 永川、北碚、璧山、垫江、梁平仍然维持较大雨量,其余站点雨势明显减弱;作业后 3~6 h 有 9 个作业站点降水量为 1 mm 以下,有三个站点为 1.2~4.8 mm。

表 3　第一阶段作业后雨量(单位:mm)分布(8 月 28 日 23 时—29 日 05 时)

作业区县	作业日期	用弹量	作业时段	作业前 1 h 雨量	作业后 1 h 雨量	作业后 2~3 h 雨量	作业后 3~6 h 雨量
永川	20130828	6	23:02—23:19	0	6.9	17.1	0.5
璧山	20130829	4	0:34—00:36	0	10.9	10.5	0.1
大足	20130829	4	0:50—00:53	0	1.8	1	0.9
江津	20130829	1	01:03—01:06	0	15.4	0.2	0
潼南	20130829	4	1:50—01:55	4.9	20.5	7.1	3.6
长寿	20130829	3	02:02—02:05	0	2.8	0.1	0.1
开县	20130829	3	2:10—02:12	0	0.6	0.1	0
合川	20130829	3	2:14—02:15	0.3	18.4	6.8	1.2
北碚	20130829	6	2:55—02:58	0	1.1	12.7	0
垫江	20130829	6	3:35—03:37	2.8	9.9	9.8	0
梁平	20130829	2	4:42—04:43	0	22.8	11.3	4.8
沙坪坝	20130829	3	5:14—05:15	0	0.1	0.3	0.1

4.1.2 作业前后雷达回波演变分析

分析永川雷达 1.5°PPI(图略),渝西地区的降水时一个自西南向东北偏北方向移动、增强以及减弱移出的过程。23:11,渝西地区沿大足、永川、璧山、江津一线出现了对流单体,出现了 35 dBZ 以上的回波,最强回波达 55 dBZ;市人影办通知作业点及时开展作业。随后,系统向北移动,移速较快;不断有对流单体新生、合并,加强,消亡。作业最集中时段为 00:30—02:15,共 13 个站点作业,发射火箭弹 36 枚,高炮弹 240 发。03:00 以后,渝西地区的回波逐渐减弱并移离重庆境内。将作业区域内的回波强度进行分档统计和平均,以产生降水的 25dBZ 回波强度为界,分 25~35 dBZ、35~45 dBZ、45~55 dBZ、>55 dBZ 共 4 档进行统计,对区域内回波强度的平均值进行时间序列分析,如图 7 所示。从平均值的序列演变可以得出:从 23:00 到次日 03:00,区域内回波是一个先增强后减弱的过程,作业前 23:00 平均值为 14.35 dBZ,之后云系发展回波增强,到 00:50 回波强度平均值最大,为 25 dBZ,区域内璧山、大足、江津开始作业;随后,45 dBZ 以上的回波像元数减少,但 25~45 dBZ 强度档的回波像元数显著增加,这段时间云系发展比较稳定均匀,到 02:47 各档回波像元数才开始减少,对比 PPI 图,此时,云系已经减弱并移出作业区域,区域内回波强度平均值为 15.59 dBZ。第一阶段作业几乎都集中在云系发展开始及快速移动阶段,时机掌握得较好,作业后整层云系也有较快发展。

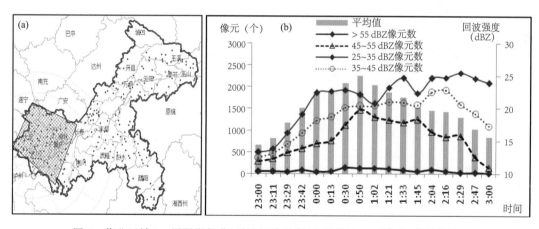

图 7　作业区域(a. 图阴影部分)雷达回波强度(永川雷达,1.5°仰角)分档统计及
回波强度平均值变化图(b)(2013 年 8 月 28 日 23:00—29 日 03:00)

4.2 第二阶段作业分析(2013 年 8 月 29 日 04:00—10:00)

第二阶段作业以渝东北地区为主。29 日凌晨以后,高空低槽和低层切变东南压,进入重庆境内长江沿线以北地区,特别是渝东北地区。主要作业时段集中在 29 日 04:40—10:00。

4.2.1 作业前后降水量分析

分析作业后小时雨量的变化情况可以得出:作业后小时雨量有比较明显的增大,且作业后 1 h 内降雨量增大最大,随后小时降雨量逐渐减小。作业后 3 h 内催化作业效果比较明显,3~6 h 催化作业不明显。原因之一为此次云系主要为对流云系,生消快、移动速度较快,以短时强降水天气为主。因此,此次作业时机各作业点把握较好,均在云系生成发展阶段开展。

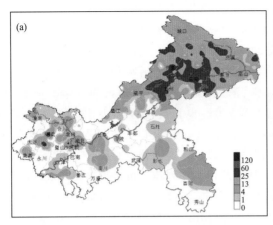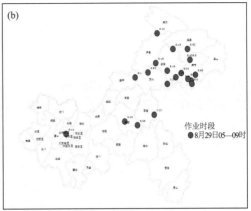

图8　2013年8月29日04时—10时雨量分布(a)和作业情况分布图(b)

表4　第二阶段作业后雨量(单位:mm)分布(2013年8月29日04:00—10:00)

站名	作业时段	作业前1 h	作业后1 h	作业后2～3 h	作业后6 h
梁平	04:42—04:43	0	22.8	11.3	4.8
万州	06:01—07:38	0	15	26.7	2
开县	05:10—06:10	0.6	23.3	7.6	2.5
云阳	06:19—06:22	0	28.1	16.1	1.7
奉节	08:09—09:34	0.1	18.7	8.2	0.4
巫溪	04:09—05:42	0	1.2	9.7	7.7
巫山	04:51—05:02	0.0	5.5	9.7	7.7

4.2.2　作业前后云参数和雷达回波参数变化

利用云精细化平台分析作业站点密集带(万州、开县、云阳、巫山一线)卫星反演参数、雷达回波演变情况,可以看出作业点开展作业时机均把握较好,处于云系发展阶段,作业后云系有比较明显的发展,回波强度有明显的增强。

8月28日05:00,云系开始进入重庆境内偏北地区,渝东北云系发展旺盛。作业主要区域(图9a)内云顶高度平均达14.6 km,普遍在14～16 km左右,云系发展非常旺盛;液态路径(path)值普遍在800～1100 mm,平均值在938 mm,液水含量十分丰富,满足人工防雹增雨作业条件。从04:40开始,我市梁平、开县、万州、云阳、巫溪、巫山先后开展人工防雹增雨作业。

8月28日6:00,沿作业集中带(图9a所示区域)对卫星反演云参量、雷达资料以及地面降水分布进行空间剖面分析(图略),可以看出:作业集中带上卫星反演云参数、雷达回波以及地面区域降水量的分布,卫星反演的云顶高度为13～16 km,雷达回波显示在12～16 km,两者得到的云顶高度非常接近,光学厚度值在27以上,有效粒子半径均在30～35 μm之间。这种特征说明人工增雨作业条件非常好,云层非常厚实,云中有丰富的液水和较大的粒子,此时产生的地面降水有短时强降水特征。06:00卫星反演云参数、雷达回波空间剖面以及地面降水的空间序列对比可以得出,卫星反演的云顶高度、云光学厚度、液态水等云参数产品等大值区演变与雷达回波的地面降水比较一致;35 dBZ 以上回波强度对应的站点降雨量比较大,35 dBZ 以下回波对应的站点无明显降水。

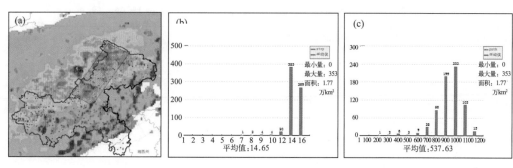

图 9　2013 年 8 月 28 日 05 时卫星反演云参数特征
(a)统计区域;(b)云顶高度;(c)液水路径

2013 年 8 月 29 日 06 时渝东北地区作业集中带云参量雷达回波及地面降水的空间序列图表明(图略),6 个站的作业时间均选择在云系发展开始阶段或云体移近作业点的时段,作业后 1 h 内云系均发展加强:光学厚度、云顶高度增加,回波增强明显,均达到最大强度,作业后回波强度能维持 2～3 h,3 h 后减弱明显。

4.3　第三阶段作业分析(2013 年 8 月 29 日 15:00—19:00)

第三阶段作业以渝东南部地区为主(图 10)。随着中低层切变的东移南下,切变主体逐渐移出重庆境内,切变底部位于我市偏东、偏南地区。29 日 15:00 以后,渝东南地区开始有对流云系发展,主要作业时段集中在 29 日 15:00—19:00。此阶段作业对象是切变线底部触发的一些对流单体。15 时开始出现,16—18 时发展最为强盛,19 时以后开始减弱移出。

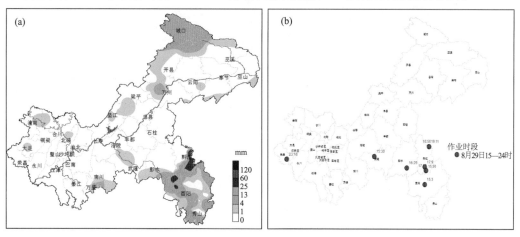

图 10　2013 年 8 月 29 日 15—19 时雨量分布(a)和作业情况分布图(b)

4.3.1　作业前后降水量分析

分析第三阶段作业前后的降水量,可以看出丰都、彭水作业前后降雨量均为 0 mm,作业无效。酉阳以及黔江水市作业点作业后 1 h 雨量达 20 mm 以上,为短时强降水,其余几个站作业后均为小雨。总的来说,作业后3 h内雨量增加明显,作业3 h后除酉阳站外降水减弱为0 mm。从雷达回波图上分析,此阶段回波特征表现为对流单体、面积小,因此不易产生持续性降水。

表5　第二阶段作业后雨量(单位:mm)分布(2013年8月29日15:00—19:00)

作业区县	作业时段	作业前1 h雨量	作业后1 h雨量	作业后2~3 h雨量	作业后3~6 h雨量
酉阳	15:03—15:05	0.7	20.3	8.2	5.3
丰都	15:30—15:31	0	0	0	0
黔江阿蓬江	15:50—15:51	0.1	1.9	2.5	0.6
彭水	16:25—16:27	0	0	0	0
黔江水市	17:09—17:10	0	22.8	0.1	0
黔江中塘	18:58—19:02	0.1	3.6	0.1	0

4.3.2　作业前后云参数和雷达回波演变

图11显示了15:00—20:00作业区域的雷达回波强度的演变。15:00,渝东南地区开始有云系发展,以分散性对流小单体为主,酉阳作业点开展了增雨作业;16:00云系有所发展,单体面积变大,强度增强,到17:00,酉阳站附近的对流云团合并、增强,到18:00达最强,为50 dBZ以上,随后减弱移除消散。沿主要作业区进行云参数的空间剖面分析(图12),可以看出此时云顶高度在8~13 km之间,但云中有效粒子半径、云光学厚度、液水路径值与第二阶段作业云系相比,值非常小,光学厚度在20以下,有效粒子半径在16 μm以下,液水含量在100~200 mm之间。从雷达回波和地面降水对比分析,可以得出这种云系的降水率比较低,只有回波强度在50 dBZ以上的站点有较强的降水,其余地方降水均不明显,这个阶段增雨作业效果较差。

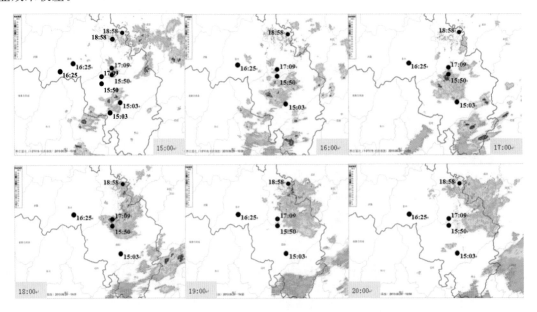

图11　第三阶段作业前后雷达回波特征演变

(2013年8月29日15:00—20:00,黔江雷达1.5°PPI,圆点为作业站点及作业时间)

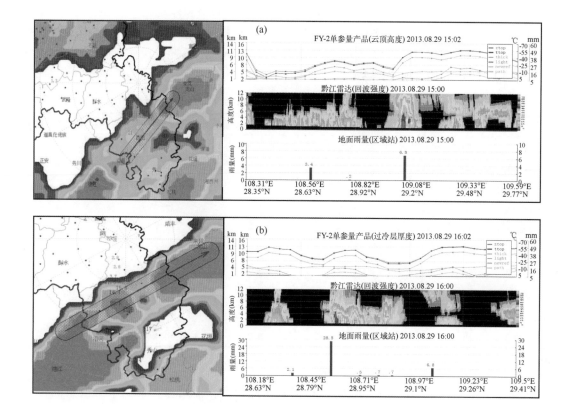

图 12　作业区域云参数产品、雷达回波及地面降水的空间剖面分析

（2013 年 8 月 29 日 15 时(a)和 16 时(b)）

4.4　第四阶段作业情况（8 月 30 日 05：00—10：00）

　　第四阶段作业以重庆中部偏南地区为主。此阶段中高层天气系统已经基本移除重庆，还有一些弱云系影响（图 13）。

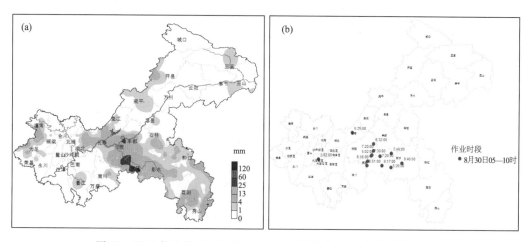

图 13　2013 年 8 月 30 日 05：00—10：00 雨量分布(a)和作业情况(b)

4.4.1 作业前后降水量分析

分析第四阶段作业前后的降水量,除武隆桐梓、彭水普子作业前后雨量值变化不大以外,其余 8 个站点作业后雨量均明显增大,且与前面三阶段作业相比,此阶段作业后降水维持时间较长,作业后 3～6 h 仍有明显降水。

表 6　第二阶段作业后雨量(单位:mm)分布(2013 年 8 月 30 日 05:00—10:00)

作业区县	作业时段	作业前 1 h 雨量	作业后 1 h 雨量	作业后 2～3 h 雨量	作业后 3～6 h 雨量
长寿双龙	05:25—05:27	0.2	0.4	5.1	10.2
武隆文复	05:26—05:28	0	4.7	15.9	3.4
武隆沙子沱	06:16—06:19	0.8	19.6	12.6	6.9
武隆白云	05:02—05:04	4	11.5	37.9	14.9
武隆仙女山	07:20—07:22	1	3.6	15.4	1.9
武隆桐梓	07:49—07:50	0	0.8	1.1	0
涪陵焦石	06:32—06:34	1	4.7	16	1.9
涪陵山窝	07:20—07:23	0.9	2.5	9.4	6.4
涪陵武陵山	07:30—07:42	0.8	7.2	11.9	8.7
彭水普子	09:46—09:48	0	0.2	0.4	0

4.4.2 作业前后云参数和雷达回波分析

分析黔江雷达回波(1.5°PPI,图 14):可以看出此阶段作业对象与前三个阶段不同,是以比较稳定的积层混合云和层状云系为主,云顶高在 6 km 以下,回波强度最高在 35 dBZ 左右。但此阶段云系比较稳定,移速较慢。在武隆地区维持了 4～5 h,降水持续时间较长。30 日 15:00 以后,回波才减弱,降水趋于结束。

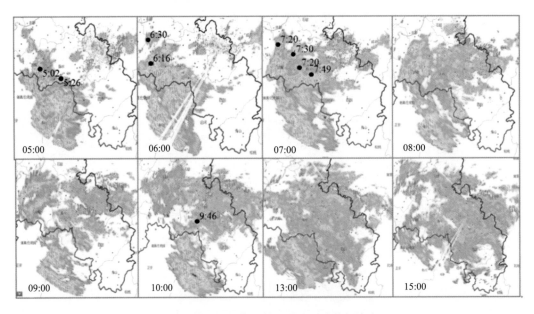

图 14　第三阶段作业前后雷达回波特征演变

(2013 年 8 月 30 日 05:00—15:00,黔江雷达 1.5°PPI,黑色圆点为作业时间)

图 15 显示了 8 月 30 日 07:00 武隆、涪陵等地作业时云系特征和雷达回波特征。虽然此时云顶高度(Z_{top})较低,约为 4~6 km,回波强度集中在 35~40 dBZ 左右,但此时卫星反演的液水路径(path)产品值比较高,稳定集中在 500~600 mm 之间,云中液态水含量比较丰富,因此地面降水比较持续稳定,6 h 以内降雨量也比较大,都达到 25 mm 中雨以上。液态水含量大值区与地面降水大值有较好的相关性,这与蔡淼[4]、陈英英等[5]关于液态水含量大值中心与地面降水大值区呈现正相关关系的研究结论吻合。

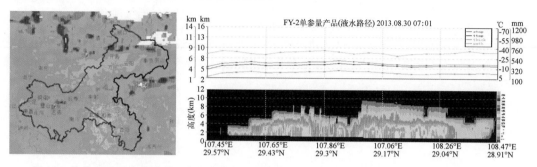

图 15 作业区域云参数产品、雷达回波及地面降水的空间剖面分析(2013 年 8 月 30 日 07:00)

5 小结与讨论

(1)此次天气过程是受高空低槽东移、中低层切变,以及北方冷空气的共同作用,过程前阶段以对流阵性降水为主,短时强降水特征比较明显;后阶段以稳定层状云或积层混合性云降水为主,小时降水量分布比较均匀、持续时间较长。

(2)此次增雨作业过程主要分为四个集中的作业时段,以大尺度环流和中尺度系统演变为依据,利用雷达和卫星参数产品,识别增雨作业条件和确定作业时机,是比较有效的。此次作业时机把握较好,有效率为 94.3%。作业后站点雨量均有明显增加。前三个阶段系统移速快、云系生消快,以对流阵性降水为主,催化后 1 h 内雨量增加最为明显,催化后 3~6 h 降水量显著减少;第四阶段以积层混合云降水为主,系统稳定少动,催化后有效时间更长。

(3)卫星反演的云顶高度、云光学厚度、有效粒子半径、液水路径等产品对作业条件的选择具有一定的指示意义。比如第三阶段虽然云系云顶高度达 8~13 km 以上,但由于光学厚度小、液水路径产品值在 200 mm 以下,液水含量非常小,地面对应的降水较少,催化后降水持续时间短,作业效率不高;第四阶段云系云顶高度仅为 4~6 km,可卫星反演的液水路径产品值在 500 mm 以上,液水含量丰富,催化后有效时间较长,地面降水持续时间长,作业效果也较好。因此,在实际作业条件识别中,应综合分析雷达、卫星反演的各项宏微观物理特征。

(4)从整个降水发展过程来看,卫星反演的云参数产品——云顶高度与雷达回波、地面降水的分布及演变一致性较好。卫星反演的云中液水含量、光学厚度等大值区具有较好的降水潜力,应跟数值模拟的方法结合,进一步加强这些参数的应用研究。

参考文献

[1] 周毓荃,陈英英,李娟,等.用 FY-2C/D 卫星等综合观测资料反演云物理特性产品及检验[J].气象,2008, **34**(12)：27-35.

[2] 廖向花,周毓荃,唐余学,等.重庆一次超级单体风暴的综合分析[J].高原气象,2010,**29**(6)：1556-1564.

[3] 周毓荃,欧建军.利用探空数据分析云垂直结构的方法及其应用研究[J].气象,2010,**36**(11)：50-58.

[4] 周毓荃,蔡淼,欧建军,等.云特征参数与降水相关性的研究[J].大气科学学报,2011,**34**(6)：641-652.

[5] 陈英英,唐仁茂,周毓荃,等.FY2C/D 卫星微物理特性参数产品在地面降水分析中的应用[J].气象,2009, **35**(2)：15-19.

2013 年四川省飞机人工增雨作业典型个例分析

张　元　刘建西　王维佳　刘晓璐

四川省人工影响天气办公室,成都 610072

摘　要　2013 年四川及西南部分地区春旱和地表水短缺严重,省人工影响天气办公室积极组织实施飞机人工增雨 37 架次,对上述地区农业抗旱、空中水资源开发、生态环境改善等方面都发挥了重要作用。本文选取 4 月 4 日晚作业个例,对干旱分布、天气条件及作业条件监测、作业方案设计、效果评估等进行详细分析。增雨作业后,作业影响区降水回波强度明显增强,回波区面积增大,地面降水量也在作业后有增大的过程,作业区普降小到中雨,部分地方大雨。利用区域雨量对比的方法计算得出此次增雨作业影响面积 2.9 万 km^2,3 h 增加降水量 11972 万 m^3。

关键词：飞机人工增雨,个例,效果评估,春旱

1　引言

近些年来,四川地区季节性和区域性干旱、缺水日趋严重,对工农业生产、生态环境和人民生活等造成严重影响。此外,随着经济社会的快速发展,人们生活质量的不断提高,退耕还林还草工程、草原牧区生态环境建设、南水北调工程等重大项目的开展,导致水资源需求量大幅度增加。人工增雨则是缓解水资源短缺与需求增加这一矛盾的有效方式。尤其是近年来,随着大气科学整体水平的长足进展,新一代天气雷达、气象卫星、气象监测网、地理信息技术、新型的催化剂和播撒工具的综合利用等,人工增雨技术也有了整体提高[1~3],人工增雨在保障人民生产、生活、生态用水以及防灾减灾方面发挥了积极的作用。

自 2012 年冬季以来,川西高原南部及攀西地区降水比往年偏少 6~9 成,四川盆地大部地区偏少 2~5 成,冬旱分布范围为近 20 年来最广,加之气温普遍偏高,耕层土壤相对湿度下降至 70% 左右。2013 年入春后干旱持续,旱情由攀西、川南局部地区向四川盆地西北、盆地中部及盆地西南等地区迅速蔓延,截至 3 月中旬,已有 15 个市州受到干旱天气影响,608.9 万人不同程度受灾。同期,西南诸省的部分地区旱情也十分严重。为了有效缓解旱情,四川省人工影响天气办公室于 2 月底启动了飞机人工增雨作业,制订了高密度、大范围的跨区人工增雨作业计划,密切监视天气,及时抓住有利时机开展作业。

2013 年 4 月 4 日晚,根据天气预报,在四川东部、重庆西部等地实施了一架次飞机人工增雨作业,效果明显,作业影响区普降小到中雨,部分地方大雨,个别站点出现暴雨。本文利用常规气象资料、雷达资料以及人影模式预报产品分析了该次增雨过程,并对其作业效果进行了评估。

2　作业条件监测

2.1　干旱监测

　　根据 2013 年 4 月 4 日的全国气象干旱综合监测图可以看出,全国的干旱分布较广(图 1a),北方地区包括内蒙古、山西、河南、陕西、甘肃、宁夏、青海东部、新疆西部,其中甘肃旱情较重;南方地区的干旱主要分布在四川东部、重庆西部、云南北部等,其中四川东部的特旱与重旱范围是全国之最。

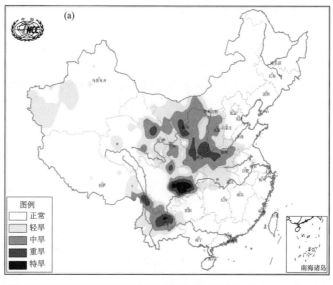

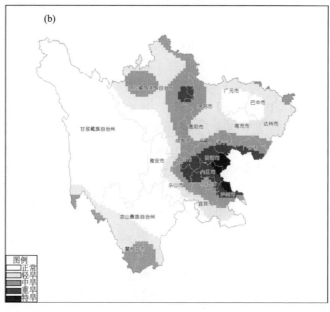

图 1　2013 年 4 月 4 日和四川省气象干旱分布图

从四川省 4 月 4 日气象干旱分布图（图 1b）可以看到,四川盆地中部、北部以及凉山攀枝花等地都处于不同程度的干旱,四川盆地中部及盆地南部旱情较为严重,其中眉山、遂宁、资阳、内江、自贡、宜宾、泸州等市均达到重旱,资阳、内江、自贡、泸州等市与重庆交界处为特旱。

2.2 天气形势

图 2 给出了 4 月 4 日 08 时高空形势图,500 hPa（图 2a）上,明勤—汉中—达州有一低槽,青藏高原东部到四川盆地西部为西北气流,高原中部还有一低值系统,预计 48 h 内四川受东移的低值系统影响,700 hPa（图 2b）上,陕西南部有一切变,云贵到四川盆地为西南气流;850 hPa（图 2c）上,盆地为一辐合区。数值预报显示（图略）,中低层盆地将迅速转为东北气流,引导冷空南下,给四川省带来一次明显的降温、降雨天气过程,为开展人工增雨作业提供了基本条件。

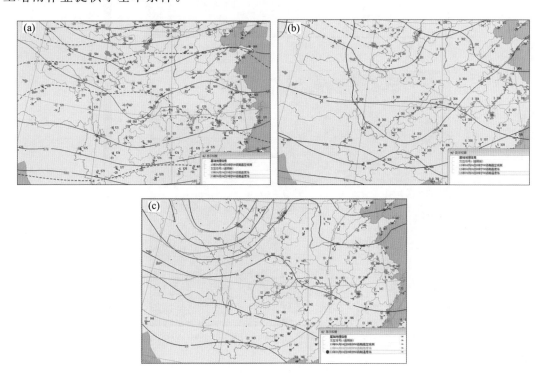

图 2　2013 年 4 月 4 日 08 时高空形势图
(a)500 hPa;(b)700 hPa;(c)850 hPa

2.3　人影模式预报产品分析

2.3.1　云场分析

4 月 3 日 15 时,中国气象局人影中心卫星云图反演产品分析表明（图 3）,四川西部、云南西北部有云系覆盖,云顶温度最低约为 −45℃,光学厚度最大可达 24;四川东部、贵州中东部、局部液水含量较为充沛,云顶温度约为 0℃,光学厚度最大可达 33。

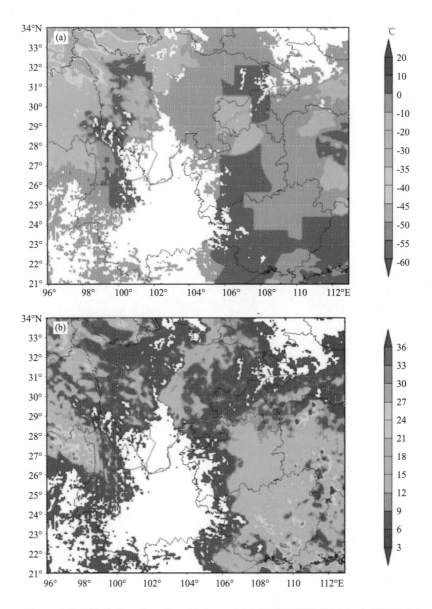

图 3　卫星反演的 2013 年 4 月 3 日 15：00 西南旱区云顶温度（a）和光学厚度（b）

2.3.2　作业潜势预报

从模式预报累积过冷水分布图（图 4）可以看出 4 月 4 日 08 时—5 日 08 时，四川、云南大部、贵州、重庆、广西有云系覆盖，旱区四川东部、云南西北部、重庆西部云系有一定的过冷水，午后过冷水含量逐渐增多，累积过冷水约 0.3～0.5 mm，具有一定的催化潜力。

2.3.3　潜力区云结构预报

潜力区云体垂直结构分析显示（图 5），4 月 4 日 08 时—5 日 08 时，四川东部、重庆西南部过冷水主要位于 0～−10℃层（海拔高度 3300～5500 m），暖区云水含量丰沛，具有一定的增雨潜力（图 5）。

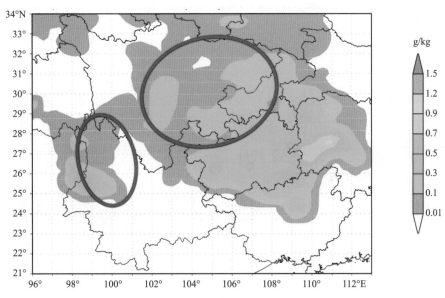

图 4　2013 年 4 月 4 日 08 时—5 日 08 时模式预报累积过冷水和增雨催化潜力区分布图

2.4　探空分析

4 月 4 日 20 时,四川省探空站资料显示(图 6),四川盆地中部及盆地南部 0℃层高度为 3500 到 3800 m,−10℃层高度为 5400～5500 m。结合国家人影中心下发的人影模式产品分析结果,可确定作业飞行高度 3300～5500 m。

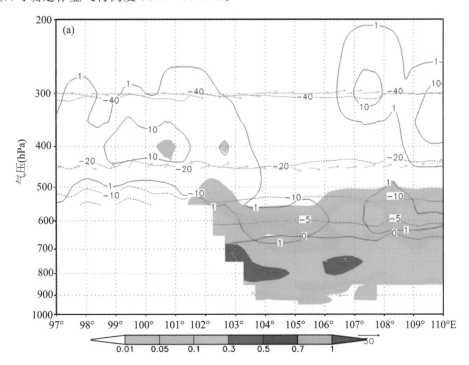

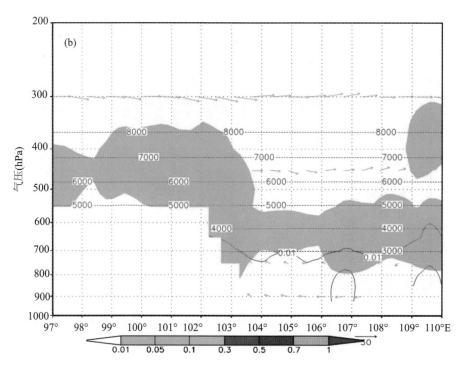

图 5　2013 年 4 月 4 日 20 时沿 30°N 东西向水成物垂直剖面
(a)云水(填色阴影),冰晶数浓度(红色等值线),等温线(紫色等值线);
(b)雪+霰(填色阴影),雨(红色等值线),等高线(紫色等值线)

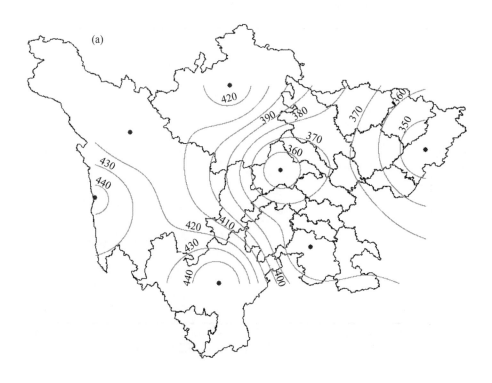

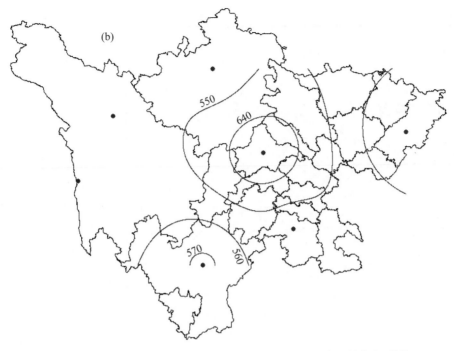

图 6   四川省 2013 年 4 月 4 日 20 时 0℃层(a)和－10℃层(b)高度等值线(单位:10 m)

3   作业方案及作业情况

根据天气形势分析以及人影模式产品结果,4 月 4 日四川受低槽影响,有一次明显的降温、降雨天气过程;4 月 4 日 08 时到 4 月 5 日 08 时,四川中部、东部和重庆西部地区,云系有一定的过冷水累积,且过冷水主要位于具 0～－10℃层(海拔高度 3300～5500 m),有一定的催化潜力;四川盆地中部及盆地南部 0℃层高度为 3500～3800 m。综合以上分析决定 4 月 4 日 20 时至 24 时,在四川东部、重庆西部等地 0℃层以上实施一架次飞机人工增雨作业。

3.1   航线设计

作业具体航线设计如图 7 所示,飞机从广汉出发,途经成都、遂宁、重庆的潼南、江津以及贵州习水县,再经泸州、内江、资阳等市返回,设计总航程为 862.027 km。

3.2   作业情况

图 8 为 4 日晚飞机人工增雨作业实际航线图,此次作业选择在降雨过程前期进行,主要对有增雨潜力的目标区其上风方云区用液氮进行人工催化。当日 20:46—23:38,作业飞机从广汉起飞,在四川的郫县、邛崃、成都、泸州、内江、资阳,重庆的潼南、江津等地实施催化作业,作业最低高度 3000 m,最高高度 3900 m,作业温度在－1～－5℃,航行 2 小时 52 分,航程 862.027 km,作业区普降小到中雨,部分地方大雨,个别点出现暴雨,作业影响面积 2.92 万 km²,增加降水 11972 万 m³。

四川省人工影响天气办公室制

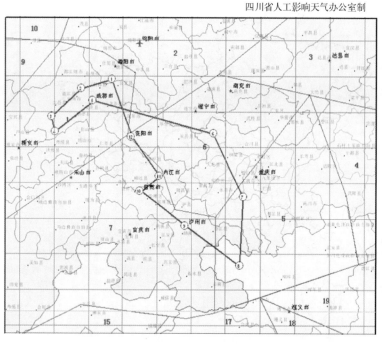

序号	经度	纬度	位置
1	104°19.08′	30°56.94′	广汉市
2	103°53.04′	30°49.08′	郫县
3	103°27.36′	30°25.38′	邛崃县
4	103°30.30′	30°12.72′	蒲江县
5	104°4.38′	30°39.00′	成都市
6	105°49.32′	30°11.04′	潼南县
7	106°15.30′	29°17.46′	江津县
8	106°12.36′	28°19.68′	习水县
9	105°25.92′	28°53.10′	泸州市
10	104°46.62′	29°22.38′	自贡市
11	105°2.52′	29°35.04′	内江市
12	104°38.52′	30°8.16′	资阳市
13	104°19.80′	30°56.94′	广汉市
14	104°19.80′	30°56.94′	广汉市

航程总计 862.027 千米

经纬度的数据格式为度°分.分′

2013 年 4 月 4 日 19 点 44 分

图 7   2013 年 4 月 4 日晚飞机作业航线设计图

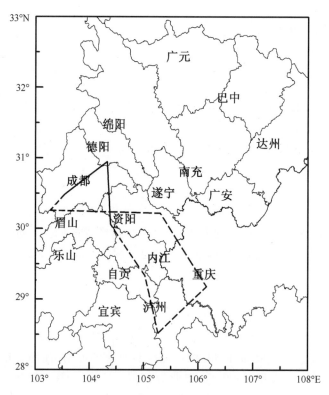

图 8   2013 年 4 月 4 日晚飞机作业实际航线图

（──为非作业时段航迹；－－－为作业时段航迹）

4 作业前后雷达回波及雨量变化

4.1 作业前后雷达回波变化

雷达基本反射率能够直观地反映出探测范围内降水云团的位置和强度。实施增雨作业后,随着冰粒子尺度的增大,雷达对电磁波的散射能力也增强,雷达回波可以反映出来[9]。图 8 为 2013 年 4 月 4 日晚增雨作业前后宜宾站新一代天气雷达基本反射率变化情况。当晚作业催化开始时间为 21:19,本文选取作业前 1 h,作业后 1 h、2 h、3 h 宜宾站雷达基本反射率变化特征进行比较分析。

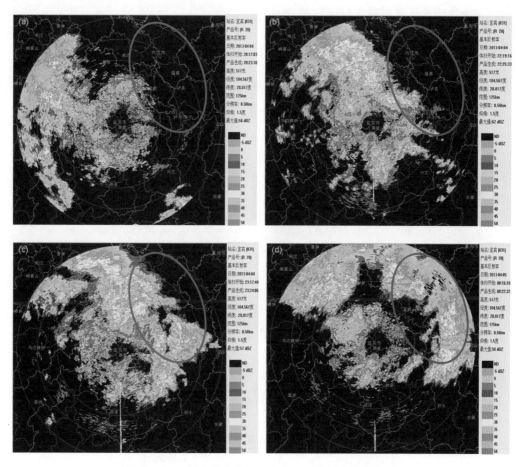

图 9 2013 年 4 月 4 日晚作业前后雷达基本反射率图
(a)为作业前 1 h,(b)(c)(d)分别为作业后 1 h,2 h,3 h

从图 9 可以看出,降水回波主体作业前 1h 分布在凉山州及乐山一带(图 9a),回波强度在 10~40 dBZ,为降水云系的初期发展阶段,图中红色区域内为作业区,催化剂主要播撒在泸州、内江等地区,作业前作业区几乎没有雷达回波,作业期间宜宾高空 500~700 hPa 均为西南风(图略),催化剂随着引导气流向东北方向扩散。回波在作业后保持稳定发展,并从西南向东北方向移动发展,作业后 3 h,回波面积明显增大,其中心强度已达到 50 dBZ(图 9d)。由此可见,飞机增雨作业后,作业区域降水回波明显增强,回波面积增大。

4.2　作业后雨量分析

选取 4 月 4 日 20 时 24 时作业区内 6 个自动雨量站分钟雨量分布进行分析(图 10),21:19 开始在成都邛崃等地播撒催化剂,从图中可看到,邛崃、丹棱、贡井、威远四个测站作业前 20 时到 21 时就有小雨,一小时累积雨量分别为 2.3 mm、2.5 mm、1.2 mm 和 0.2 mm(见表 1),简阳和古蔺这一时段没有降水。丹棱、古蔺、贡井三个测站在 21—22 时雨量明显增大,其他三个测站在 22 时后明显增大,其中丹棱武庙乡站作业后 3 h 累积雨量达 26.2 mm。由此可见,飞机增雨过后,雨量有显著的增大过程,且从图 10 可看出,测站出现降雨的时间也基本与飞行路线一致,先作业的地区降雨增大时间较早。

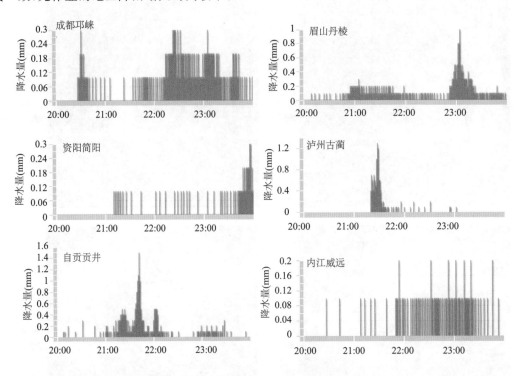

图 10　2013 年 4 月 4 日 20—24 时作业区自动站分钟雨量图

表 1　2013 年 4 月 4 日晚作业区域自动雨量站雨量(mm)

站点	20:00—21:00	21:00—22:00	22:00—23:00	23:00—24:00
邛崃(南　宝)	2.3	1.8	9.0	6.8
丹棱(张场镇)	2.5	8.7	5.4	12.1
简阳(武庙乡)	0.0	0.9	1.0	3.9
古蔺(观　文)	0.0	10.7	1.0	0.1
贡井(五　宝)	1.2	16.9	4.8	3.1
威远(两　河)	0.2	1.3	3.7	3.1

4.3　效果评估

由于云和自然降水变率大,评估对象的不确定性,不同时空条件下的各种因子相互影响制约,探测设备缺乏和技术不足的局限等原因,人工增雨的量值经常在自然降水变化中被掩盖[4],因此科学、客观、准确地评估人工增雨作业效果是非常困难的,也是目前人影业务亟待解决的难点。

结合业务作业服务工作,国内学者针对人工增雨的效果分析做了许多工作,也取得了一些研究成果。目前常用的评价人工增雨效果的方法有统计检验、物理检验和数值检验三种基本方法[5~7],这三种方法有其不同的侧重点。物理检验可以直观地看到人工增雨作业的效果,而统计检验的优势是可以给出在一定置信水平下效果大小的具体数值,从长远来看,用数值模式作精确、定量的降水预报是解决人工影响天气效果检验问题的重要途径。

本文通过区域对比检验方法对此次增雨效果进行评估。

4.3.1　区域对比检验

在为政府和公众服务过程中,需要对每次作业增加降水有定量客观的计算,因此,四川省人影办经过多年实践,采用区域雨量对比的方法,简明、快捷、实用地评估每次增雨效果[11],下面通过区域对比检验,对 4 月 4 日晚雨作业效果进行评估。

对比区的选择。对比区的选择基本遵循以下三个原则:1)位于目标区的上风方或横侧,地形和面积与作业影响区大致相近,不受作业催化剂污染;2)与目标区受同一降水天气系统的影响;3)历史降水情况与目标区有好的相关。

$$增雨量\ R' = R - r \tag{1}$$

其中 R、r 分别为影响区、对比区的平均雨量。我们选取作业开始时间之后三小时累积雨量,分别计算影响区和对比区内各雨量站的算术平均值,得到 R 和 r 值,两者的差值即为增雨量。

$$增加降水量\ P = R' \cdot S \tag{2}$$

上式中 S 为作业影响区面积,我们根据催化剂播撒路径确定作业起止点的经纬度,根据作业层风速风向确定催化剂的扩散范围,给出一个比较规则的几何区域,计算出该区域的面积,即为 S 值。

根据作业起止点,遵循影响区选择的原则选取影响区(图 11,绿色区域),利用作业效果分析系统,首先计算出影响区面积,再由影响区内作业后三小时自动气象站的雨量值,计算得到影响区雨量 R。由于作业当晚作业层为西南风,根据地面气象站网分布,我们选取与风向垂直的位于影响区东侧为对比区(红色区域),计算出对比区同时段雨量值 r,最后得到此次增雨作业的增加降水量 P。

计算得到此次作业影响面积 2.9 万 km²,影响区 3 h 平均降雨量为 4.9 mm,对比区 3 h 平均降雨量为 0.8 mm,3 h 增加降水量 11972 万 m³。

4.3.2　作业后干旱监测

从图 12 可以看到,4 月 5 日较 4 日相比,四川及重庆旱情得到明显缓解,基本转为轻旱或无旱,说明 4 月 4 日晚增雨效果比较明显,为减轻 2013 年四川西南部分地区春旱发挥重要的作用。

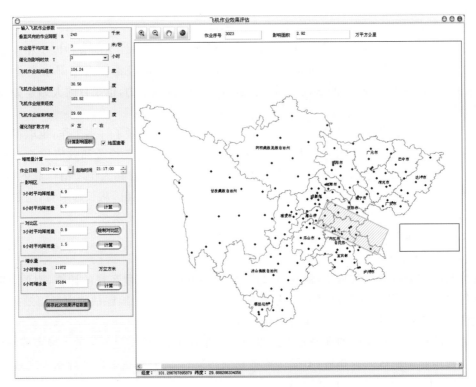

图11　2013年4月4日晚飞机作业效果评估图

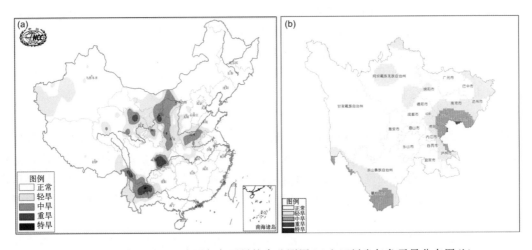

图12　2013年4月5日全国气象干旱综合监测图(a)和四川省气象干旱分布图(b)

5　小结

通过对2013年4月4日晚飞机人工增雨作业过程进行分析,结论如下:

(1)受高空低槽影响,4月4日08时—5日08时,四川东部、重庆西部云系有一定的过冷水,午后过冷水含量将逐渐增多,4月4日晚,四川及重庆有降水过程,在春旱区的四川东部及重庆西部,云中液水含量充沛,具有一定的催化潜力。

(2)综合天气形势及人影模式产品结果,4 日 20:46—23:38,四川省人影办在四川盆地中部、盆地南部以及重庆西部等地实施跨区飞机人工增雨作业,作业高度为 3000~3900 m,作业温度为−1~−5℃,航时 2 小时 52 分,航程 862.027 km。

(3)从作业影响区作业前后雷达基本反射率和自动雨量站雨量分析可以看到,增雨作业后,降水回波强度明显增强,回波面积增大,降水量也在作业后有明显增大的过程,作业区普降小到中雨,部分地方大雨。

(4)利用作业效果分析系统,分别计算得出此次增雨作业影响面积 2.9 万 km²,3 h 增加降水量 11972 万 m³。4 月 4 日晚飞机增雨效果十分明显,为减轻 2013 年四川及西南部分地区春旱发挥重要的作用。

参考文献

[1] 唐仁茂,向玉春,叶建元等. 多种探测资料在人工增雨作业效果物理检验中的应用. 气象,2009,35(8):70-75.

[2] 王勇,段昌辉,徐军昶等. 气象卫星资料在飞机人工增雨效果评估中的应用. 气象,2008,28(11):26-28.

[3] 李大山,章澄昌,许焕斌,等. 人工影响天气现状与展望. 北京:气象出版社,2002,325-355.

[4] 福建省气象科学研究所人控室. 降水自然变异对人工降水效果检验的影响. 气象科学,1983,2:79-87.

[5] 王婉,姚展予. 2006年北京市人工增雨作业效果统计分析. 高原气象,2009,28(1):195-202.

[6] 胡鹏,谷湘潜,冶林茂等. 人工增雨效果的数值统计评估方法. 气象科技,2005,33(2):189-192.

[7] 房彬,肖辉,班显秀等. 一次人工增雨作业中 CA—FCM 与其他评估方案的比较研究. 气象与环境学报,2008,24(4):13-18.

[8] 王婉,姚展予. 人工增雨统计检验结果准确度分析. 气象科技,2009,37(2):209-215

[9] 张瑞波,刘丽君,钟小英等. 利用新一代天气雷达资料分析飞机人工增雨作业效果. 气象,2010,36(2):70-75.

[10] 郝克俊,刘东升,王维佳等. 2009年四川省飞机人工增雨效果评估. 现代农业科技,2010,21:314-317.

[11] 杨敏,鲍向东,马鑫鑫等. 2010年3月14日河南省飞机增雨作业效果分析. 气象与环境科学,2012,35:1-6.

湖北一次台风外围云系的
飞机人工增雨作业个例分析

李德俊　　熊守权　　袁正腾　　陈英英　　熊　洁

湖北省气象服务中心,武汉 430074

摘　要　利用卫星、雷达、微波辐射计、风廓线雷达的等多种探测资料,对 2013 年 8 月 23—24 日一次台风外围云系的飞机人工增雨作业分别从作业条件预报分析、作业条件监测识别、作业方案设计和效果分析等技术方面进行了详细综合分析。发现:(1)LAPS 模式、探空、雷达和卫星资料对作业条件跟踪监测分析有比较好的优势,结合分析对台风外围云系的作业条件判断比较准确;(2)运用云精细化分析系统 CPAS 和自主开发的飞机航线设计平台可以很方便地设计绕对流云航线及层状云穿云航线;(3)综合分析作业前后雷达回波、微波辐射计各个参量的定量变化情况与地面雨量实况可以相互印证,可以很好地说明对这次台风外围云系催化作业有比较明显的增雨效果。

关键词:作业条件,作业方案,效果分析

1　引言

2013 年 6 月下旬以来,我省出现了历史罕见的持续高温少雨天气,持续时间长,范围特别广,温度异常高,从 7 月 23 日开始全省启动高温 II 级响应。截至 8 月 13 日湖北全省受旱农田面积已超过 2000 万亩,150 万人出现饮水困难,900 多座水库低于死水位,水利部门还发出湖北历史上首个枯水红色预警。全省各地采用多种方式,开展了人工影响天气抗旱服务工作,实施飞机人工增雨作业 17 架次,在襄阳、随州、孝感、荆门、武汉等地累计飞行催化约 25 小时,燃烧碘化银烟条 170 根;全省地面人工增雨作业 530 余次,共发射火箭弹 1540 枚、炮弹 5337 发。人工影响天气空地协同作业累计影响保护面积约 46.75 万 km^2,增加降水量约 12.961 亿 t,作业过后取得很好成效,得到政府和社会各界好评。

许多地方对本地有利于人工增雨的天气形势分类中均明确提出台风外围或台风减弱为低压系统非常有利于人工增雨作业[1~3]。但是如何针对台风外围云系特点和云降水特性,科学、准确地开展人影作业,是目前面临的重要课题。2013 年 8 月 23—24 日受台风外围云系影响,湖北省自东向西有一次明显的降水过程,我省江汉平原、鄂东北和鄂东南有较好的增雨作业条件,增雨飞机重点针对随州、襄阳、荆门、荆州、宜昌等高温干旱地区实施了人工增雨作业。这里主要从作业条件预报分析、作业条件监测识别、作业方案设计和效果分析等环节的技术方面进行综合分析和总结。

2 作业条件预报分析

2.1 天气背景

8 月 23 日 08 时中低层天气形势(图 1)。23—24 日,受"谭美"台风倒槽影响,自东向西影响我省中南部大部分地区。

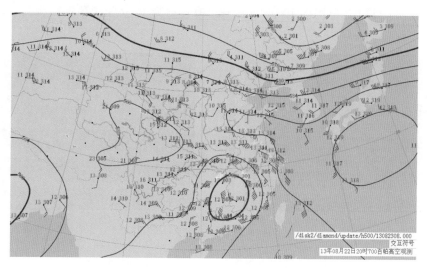

图 1 2013 年 8 月 23 日 08 时天气系统配置图

2.2 GRAPES 模式资料分析

从图 2 可以看到 2013 年 8 月 23 日 08 时 GRAPES 模式预报湖北 550 hPa 冰晶数浓度很少几乎没有,24 日 08 时 GRAPES 模式预报湖北 550 hPa 冰晶数浓度除鄂西北北部有 0.1~1 L^{-1},其他地区很少几乎没有。预报降水量为我省中西部中到大雨,其他地区小雨,在红色区域内有比较好的增雨作业条件,可以通过播撒适量催化剂来增加降水。

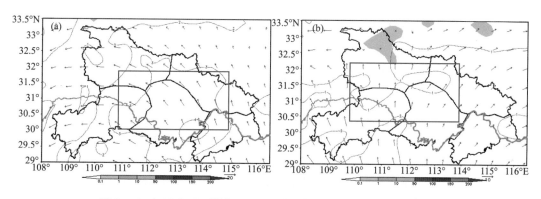

图 2 08 时 GRAPES 模式 550 hPa 冰晶数浓度(红色区域为作业区域)

(a)2013 年 8 月 23 日;(b)24 日

3　作业条件监测识别

3.1　LAPS 模式资料分析

从图 3 可以看出受台风倒槽影响水汽从东向西输送，云中液水也呈现东边大西边小，逐渐向西移动，垂直速度在 112.5°—116.5°E 呈现整层上升，且在 900 hPa 以上为一致的上升区，其中在东经 113°—114°E 范围内 100 hPa 出现上升速度为 12 m/s 大值区。

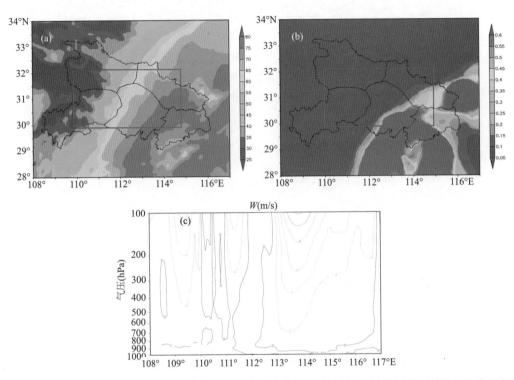

图 3　2013 年 8 月 23 日 08 时物理量参数：(a)整层水汽，(b)云中液水，以及(c)沿 30°N 的垂直速度

3.2　探空资料监测分析

从图 4 可以看出武汉在 22 日 20 时起云体已由地面上升至垂直高度 8 km 处，一直维持至 23 日 20 时；宜昌从 22 日 08 时开始 3 km 处有一薄层云存在，然后分别向上向下伸展，至 20 时伸展至垂直高度 2～4 km 处，至 23 日 08 时伸展至垂直高度 1～10 km 处，但在 7～8 km 处有一个夹层，至 23 日 20 时云体厚度从地面一直延伸至垂直高度 10 km 处。23 日 08 时从赣县至恩施空间分布来看，赣县、武汉、宜昌三地云体厚度较厚从地面延伸至高空 8～10 km 处。

从图 4 还可以看出垂直高度 4 km 以上，温度为零下，整个云系以过冷云为主，过冷水比较丰富，云体自东向西移动，向上伸展高，以积层混合云为主。

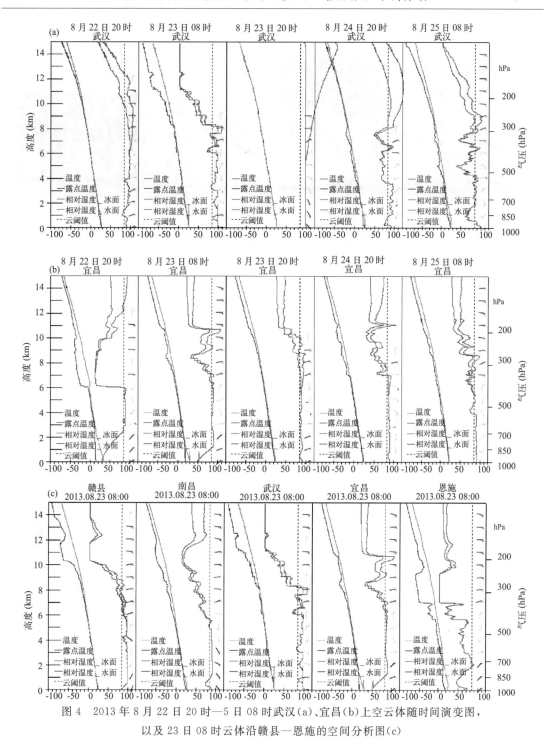

图 4　2013 年 8 月 22 日 20 时—5 日 08 时武汉(a)、宜昌(b)上空云体随时间演变图，以及 23 日 08 时云体沿赣县—恩施的空间分析图(c)

3.3　SWAN 雷达拼图监测分析

从 23 日 08 时 SWAN 雷达 CR、ET 和 VIL 拼图(图 5)可以看到，作业前武汉西部为絮带状回波，强中心强度为 30~40 dBZ，回波顶高为 8~9 km，西北部及西南部部分回波达到 10~

12 km，VIL 一般为 5～10 kg/m²。

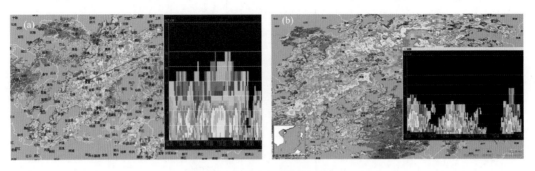

图 5　雷达组合反射率
(a)2013 年 4 月 23 日 08 时;(b)24 日 08 时

3.4　风廓线雷达监测分析

从 23 日 07:30—09:30 咸宁、汉口、荆门风廓线雷达资料可以看到受台风倒槽影响低层至高空 8 km 一致的偏东风,中低层风速为 6～10 m/s,中高层风速为 12～16 m/s,将南海水汽输送到长江以南区域。

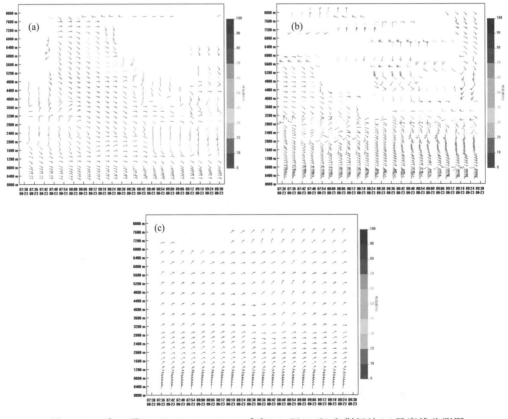

图 6　2013 年 8 月 23 日 07:30—09:30 咸宁(a)、汉口(b)和荆门站(c)风廓线监测图

3.5 GPS/MET 水汽

从图 7 可以看出,23 日 08 时鄂东至江汉平原东部有一条水汽大值区,且有自东向西移动趋势,最大位于江汉平原东部仙桃,其值为 74.2 mm。

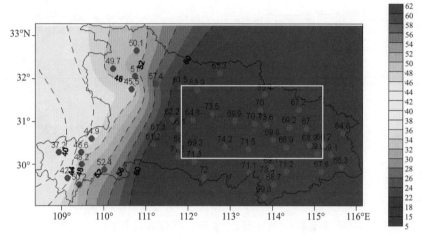

图 7　2013 年 8 月 23 日 08 时 GPS/MET 水汽监测图

4　作业方案设计及作业实况

4.1　作业方案设计

根据作业条件预报、作业条件监测分析来看,系统是自东向西移动的,催化方式采用运 7 飞机进行作业,飞行高度 4500~5000 m,沿圆弧飞行催化作业,依据时间和条件,可以进行作业 2 次。

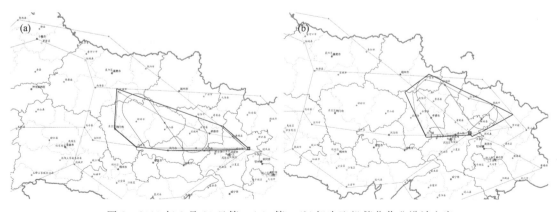

图 8　2013 年 8 月 23 日第一(a)、第二(b)架次飞机催化作业设计方案

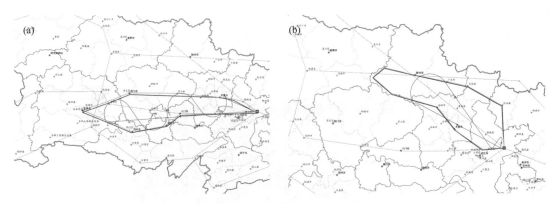

图9　2013年8月24日第一(a)、第二(b)架次飞机催化作业设计方案

4.2　作业实况

8月23—24日开展了人工影响天气抗旱服务工作,实施飞机人工增雨作业4架次,在襄阳、随州、孝感、荆门、武汉等地累计飞行催化约6h,燃烧碘化银烟条40根(见图10)。8月23日第1架次飞机增雨作业时段为08:35—10:20,飞行航线为:阳逻、天门、荆门、宜城、京山、阳逻。沿飞行航线,在武汉、天门、荆门、襄阳、孝感一带实施催化作业,燃烧烟条催化剂10根,累计影响面积约2.31万 km^2;第2架次飞机增雨作业时段为11:02—12:00,飞行航线为:阳逻、罗田、麻城、红安、大悟、广水、安陆、汉川、阳逻。沿飞行航线,在武汉、黄冈、孝感、随州一带实施催化作业,燃烧烟条催化剂10根,累计影响面积约2.33万 km^2。8月24日第1架次飞机增雨作业时段为08:06—09:58,飞行航线为:阳逻、天门、潜江、荆州、宜昌、荆门、孝感、阳逻。沿飞行航线,在武汉、天门、潜江、荆州、宜昌、荆门、孝感,燃烧烟条催化剂10根,累计影响面积约2.98万 km^2;第2架次飞机增雨作业时段为10:23—11:52,飞行航线为:阳逻、红安、大悟、随州、安陆、阳逻。沿飞行航线,在武汉、黄冈、孝感、随州等地实施催化作业,燃烧烟条催化剂10根,累计影响面积约1.35万 km^2。

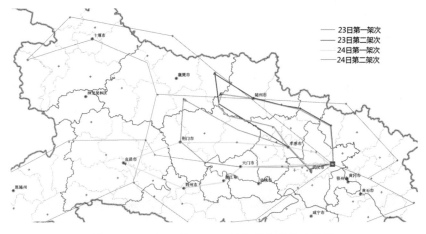

图10　2013年8月23—24日飞机实际作业航线

5 作业效果分析

5.1 SWAN雷达拼图分析

23、24日经过飞机两次催化作业60 min以后,作业前分散性絮状回波变为结构密实的块带状回波,40 dBZ强回波面积扩大明显、回波顶高、垂直液态水含量均有所增加。将作业区域及覆盖面积(111°—114°E,29.5°—32.5°N)在作业前后各分三个等级的像素点进行了统计,从表1可以看出24日增加更为明显,40 dBZ强回波面积分别增加了35倍、1.75和1.45倍。

表1 2013年8月23—24日作业前后雷达监测参量的三个等级像素点统计表

日期		回波强度(dBZ)			回波顶高(km)			垂直液态水含量(kg/m²)		
		0~40	40~45	>45	0~5	5~10	>10	0~1	1~5	>5
23日	作业前	17265	667	446	25111	20129	6580	29750	8695	15
	作业后	81360	1842	8918	79038	28177	8416	37152	13255	305
24日	作业前	92640	305	99	109608	8353	1168	21830	2137	80
	作业后	26535	613	14022	28706	12704	3834	19120	3136	94

5.2 微波辐射计对比分析

从武汉、荆州微波辐射计随时间演变可以看出,催化作业以后播撒区下游荆州中高层相对湿度迅速增加,水汽含量和液水含量也呈明显增加趋势。

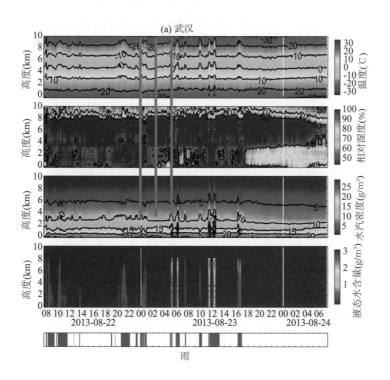

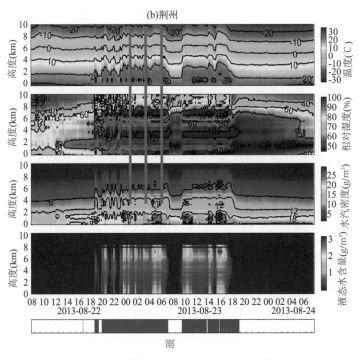

图 11　武汉(a)、荆州(b)微波辐射计随时间演变(UTC)

5.3　地面自动站雨量分析

从图 12 地面自动雨量站监测发现 23 日第 1 架次飞机增雨作业影响区降水分布不均,以中到大雨为主,个别站点暴雨,影响区最大雨量 115 mm,影响区面雨量 41.73 mm,总降水量 9.631 亿 t,增加降水约 1.926 亿 t;第 2 架次飞机增雨作业影响区影响区降水分布不均,以中到大雨为主,个别站点暴雨,影响区最大雨量 114.9 mm;影响区面雨量 37.85 mm;总降水量 8.803 亿 t,增加降水约 1.761 亿 t。飞机作业效果具体评估如下。

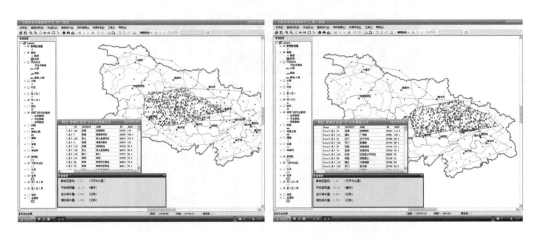

图 12　2013 年 8 月 23 日第一架次飞机增雨作业航线及作业效果

从图13地面自动雨量站监测发现24日第一次飞机增雨作业影响区降水分布不均,以中到大雨为主,个别站点暴雨,影响区最大雨量289.5 mm;影响区面雨量26.44 mm;总降水量7.89亿t,增加降水约1.578亿t;第二次飞机增雨作业影响区降水分布不均,以小到中雨为主,个别站点暴雨,影响区最大雨量106.55 mm;影响区面雨量9.13 mm;总降水量1.229亿t,增加降水约0.246亿t。

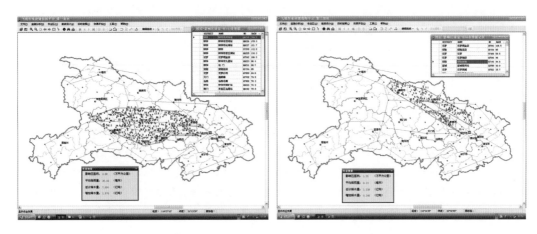

图13　2013年8月24日第一架次飞机增雨作业航线及作业效果

6　小结和讨论

(1)LAPS模式、探空、雷达和卫星资料对作业条件跟踪监测分析有比较好的优势,结合起来分析对台风外围云系的作业条件判断比较准确;

(2)运用我省自主开发的飞机航线设计平台可以很方便地设计绕对流云航线及设计层状云穿云航线;

(3)综合分析作业前后雷达回波、微波辐射计各个参量的定量变化情况与地面雨量实况可以相互印证,可以很好地说明对这次台风外围云系催化作业有比较明显的增雨效果。

地面特种探测设备(如微波辐射计、风廓线雷达、L波段雷达)布点较少,在作业条件监测、作业方案设计发挥的作用有限,给作业条件判断和效果分析带来了一些不确定性,效果分析也只能定性分析。在业务实践过程中,还需要加强人工增雨作业后各种物理证据收集、整理、分析工作。

参考文献

[1] 唐林,张中波,王治平.湖南省夏秋干旱期人工增雨作业条件判别指标的研究.安徽农业科学,2008,**36**(7):2838-2839.

[2] 宋中华,饶新平,龙四明.黄冈市盛夏期(7—9月)人工增雨作业的天气条件分析.2004年湖北省气象学会年会学术论文集.2004.

[3] 孙鸿娉,李培仁,李玉宏,等.山西省人工增雨天气概念模型研究.第28届中国气象学会年会——S9大气物理学与大气环境.2010.

湖南积层混合云系飞机增雨作业的综合观测分析[*]

张中波[1,2]　蒋元华[3]　周　盛[1,2]

1. 湖南省人工影响天气办公室，长沙 410108；

2. 湖南省气象防灾减灾重点实验室，长沙 410118；

3. 中国气象局人工影响天气中心，北京 100081

摘　要　利用 NCEP 1°×1° 再分析资料、地面加密小时雨量、FY-2E 静止卫星和多普勒雷达资料对云降水结构特征进行分析，并对催化效果进行了初步分析，得到以下结论：受低压系统和西南季风的共同影响，湖南地区水汽输送强烈，有利于降水云系维持。湘南地区对流发展旺盛，降水较强；湘东地区以积层混合云为主，降水强度较弱。光学厚度与地面降水有很好的正相关性。催化后，高层的回波最先出现明显的响应，回波强度出现增长；低层回波相对于高层响应较为滞后，说明催化作用率先引起高层降水粒子的增长，雨滴下落后导致低层回波的增长。催化能引起回波的增强，并能相对延长目标云区的生命期，增大强回波区的面积，有明显的正催化效果。催化后，目标区雨量呈稳定增长的趋势，雨量明显大于对比区，对比区雨量逐渐减小，变化趋势与雷达回波的响应又很好的正相关。

关键词：多普勒雷达，云降水结构，光学厚度，催化效果

1　引言

2013 年 7 月至 8 月，持续受西太平洋副热带高压控制，南方多省出现严重高温干旱，其中湖南省 7 月至 8 月上旬连续高温少雨，高温干旱持续时间长、范围广、全省受灾严重。8 月 13 日起，受强台风"尤特"持续影响，湘南地区出现强降水，旱情基本解除，但是全省大部分地区旱情依然维持。8 月 17 日，受台风外围残留云系的影响，尚处于干旱的湘东地区出现适合作业的降水云系，湖南人影办密切关注降水云系的发展，并迅速组织飞机人工增雨作业，于 14 时进入株洲上空开始催化，主要催化区位于衡阳，进行了长达两小时的作业。本文主要利用 NCEP1°×1°再分析资料、地面加密小时雨量、FY-2E 静止卫星和多普勒雷达资料对降水云系的结构特征进行分析，并对催化效果进行了初步分析。

人工增雨效果是指人工催化后云体的演变及其降水过程发生的变化，一是催化后云内宏微观物理量的变化，二是催化前后降水发生的变化。由于飞机作业的主要区域在衡阳地区，利用邵阳多普勒雷达基本覆盖整个作业区，利用雷达监测作业后云内回波强度的响应和评估增雨效果具有实时性强、目标清晰，能够对作业云系回波强度的变化一目了然[1~5]。

---

* 湖南省气象局重点科研项目《湖南飞机增雨催化指标与作业流程研究》资助。

第一作者：张中波，高级工程师，从事人工影响天气技术研究与开发，E-mail：zhongbo900@163.com

2 分析方法和分析系统功能介绍

现有的非随机化试验方案主要有序列试验、区域对比试验、区域历史回归试验、统计检验等[6,7]，其中区域对比法作为一种经典的效果评估方案经常被采用，本文采用此方案进行人工增雨效果统计检验，目标区和对比区为移动区域，移速和移向根据高空风速确定，区域面积基本不变。通过统计目标区催化前后各层雷达参量的演变和对比区回波参量的差异，以及对应的地面各区域降水量的演变的差异，来分析人工增雨催化作业后的效果。

云降水精细分析和决策指挥系统(CPAS)是由中国气象局人工影响天气中心周毓荃研究员主持开发的一个基于云物理分析技术，集成开发的以云降水精细分析为核心的分析平台，集成了卫星、雷达、高空、地面等多尺度观测和反演信息，以云降水精细分析为核心，可实现对多种云降水遥感监测及反演信息的实时精细处理分析，可为短时临近云降水精细预报及人影播云条件和播云效果的实时分析等提供帮助[8,9]。本文基于CPAS系统，利用卫星、雷达和地面观测资料对云降水结构进行了分析，并利用平台的统计功能对作业前后降水云系的回波结构和地面雨量等物理响应作了分析。

3 天气过程和飞行概况

3.1 天气形势和降水概况

2013年8月10日14时，第11号热带风暴"尤特"在西北太平洋加强为台风，并持续向西北方向移动。14日16时，台风"尤特"在广东省登陆，中心附近最大风力14级，中心最低气压955 hPa，给华南带来大风强降水天气。16日热带低压位于广西境内，强度明显减弱。利用NCEP $1° \times 1°$ 再分析资料，对2013年8月17日受"尤特"残留云系影响南方地区降水的环流形势进行了分析。

8月17日14时500 hPa和850 hPa高空天气图(图1)上，低压中心位于广西境内，强度虽然有所减弱，但低压中心持续维持在广西境内。受低压系统和西南季风的共同作用，低压中心外围风速达到20 m/s左右，存在一条近似环形的强水汽通量带，强中心超过 $20 \text{ g} \cdot \text{cm}^{-1} \cdot \text{hPa}^{-1} \cdot \text{s}^{-1}$ (图1c)，湖南位于低压中心的东北侧，湘南地区位于强水汽输送带，同时受低压系统的控制，湘南地区存在明显的水汽辐合，十分有利于降水的发生和维持。

受台风外围残留云系的影响，17日湖南经历了一次长时间的持续降水过程。从17日08时至22时地面小时雨量演变(图2)来看，湘东南以及湘南地区降水强度较大，湘中部地区降水强度较弱。08—12时，强降水带基本位湖南南部，广东和江西交界地区，湖南境内雨强较小。14—17时，随着雨带向西北发展移动，并逐渐进入湖南南部地区，造成湘南和湘西局地暴雨，湘中地区雨强增大，降水面积增加。18—22时，雨带逐渐南退，降水强度减弱，湖南降水面积减小。

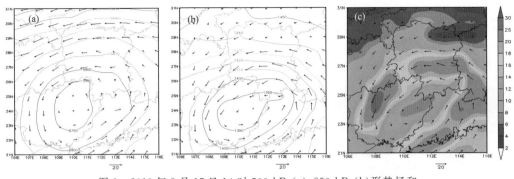

图 1　2013 年 8 月 17 日 14 时 500 hPa(a)、850 hPa(b)形势场和
850 hPa 水汽通量(c,单位:g・cm^{-1}・hPa^{-1}・s^{-1})

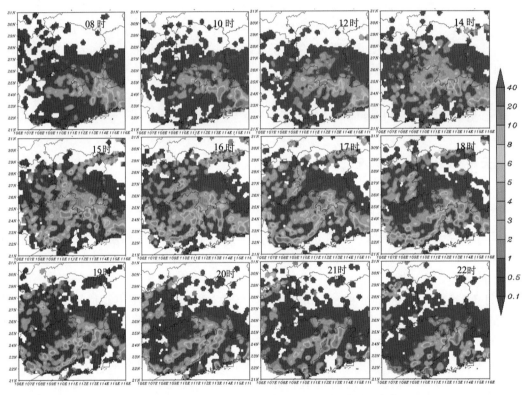

图 2　2013 年 8 月 17 日 08—22 时地面小时雨量演变(单位:mm)

3.2　飞行概况

　　图 3 为 2013 年 8 月 17 日飞机人工增雨的飞行轨迹图,其中 a 为整个飞行作业轨迹的平面图,图中 A 为播撒的起始位置,B 为播撒结束的位置,黑色方框为作业影响区域;b 为飞行高度和对应的雷达回波剖面随时间的变化,其中红色线为飞行高度,A 点和 B 点分别代表播撒的起始和结束位置。由图可见,飞机人工增雨主要的催化区位于衡阳境内,飞行航线为长沙—株洲—安仁—衡东—衡阳—祁东—娄底—长沙。飞机于 13:30 在长沙机场起飞,14:04 到达株洲上空,开始催化作业,随后盘旋上升。14:15 飞机盘旋至 0℃层附近(5000 m 左右)。

14:21爬升至5300 m(C点),并开始平飞,此时温度大约在-2℃左右,飞机自东向西作"蛇形飞行"。15:52飞行至娄底上空,催化作业结束,整个作业面积大约为120 km×120 km。16:15飞机返航降落。从飞行轨迹与叠加的雷达回波剖面来看,整个作业过程基本位于0℃层以上的回波区,回波强度在10 dBZ左右,同时根据飞行记录记载,飞机有严重的积冰,说明催化区过冷水含量充沛,作业条件很好。

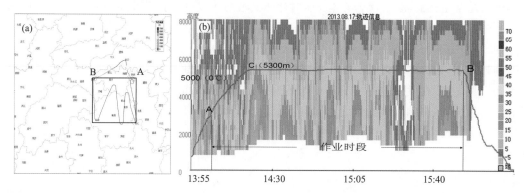

图3　2013年8月17日飞行轨迹平面图(a)和飞行轨迹与雷达回波叠加剖面图(b)

(A点:催化起始点;B点:催化结束点)

4　云场的分布演变

4.1　模式预报云结构

利用MM5_CAMS模式得出,8月17日12—20时,湖南南部、广东、广西、江西等地有大范围的冷暖混合云系覆盖,云水含量充沛,云系结构紧密。从15时模式预报的云带分布来看,湖南南部的衡阳、郴州、永州上空分布大量云水充沛的云系(图4a),沿其东西剖面得出云体的垂直结构(图4b),湖南南部的过冷水主要位于0～-10℃层,过冷水含量充沛,冰晶含量低于10个/L,有很强的人工增雨潜力。

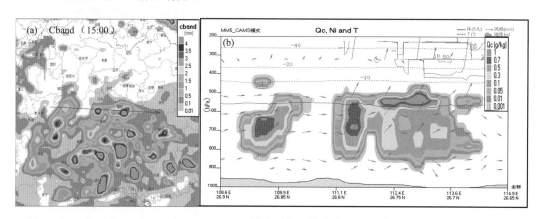

图4　2013年8月17日15时MM5_CAMS模式预报云带分布(a)和沿剖面线的水成物垂直分布(b)

a.云水(填色阴影),冰晶数浓度(红色等值线),等温线(紫色等值线)

4.2 云系演变特征

2013 年 8 月 17 日,受台风外围残留云系的影响,湖南南部地区有积层混合云系的发生发展。利用 8 月 17 日 12:00—17:00 逐小时的 FY2E 静止卫星 TBB 连续演变可以追踪整个云团的移动发展过程(图 5)。由于台风入境后减弱为低压系统,并移动至广西境内,移速缓慢,导致云系基本呈螺旋状,并缓慢东移,强对流云体位于广东境内,TBB 值低于 −70℃,说明云体发展旺盛,湖南南部的云系基本为外围的积层混合云系,永州、郴州地区云系发展旺盛,TBB值达到 −60℃;衡阳、邵阳地区云系主体 TBB 值在 −30~−40℃。12—15 时,云带 1 呈逐渐增强的趋势,云带移动缓慢,TBB 值逐渐降低,说明云顶逐渐升高,对流逐渐加强。同时对流云团 2 增长显著,在发展过程中云顶逐渐抬升,对流加强,同时不断与周围对流云团合并,TBB低值区面积增加,影响区域约微北移,影响到湖南郴州、永州地区,降水强度较大,局地暴雨。

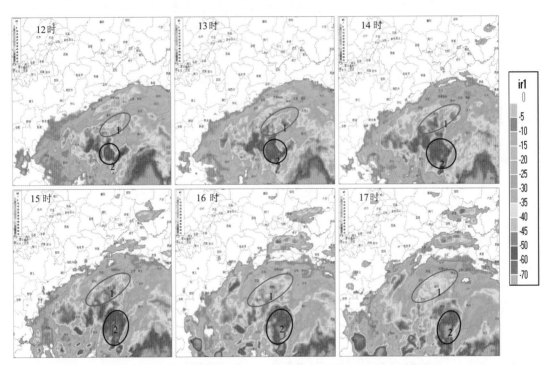

图 5　2013 年 8 月 17 日 12—17 时 FY-2E 卫星 TBB 逐小时演变

4.3 云光学厚度分布演变

利用 FY-2E 静止卫星,反演 12—15 时段逐小时云光学厚度产品(图 6)。由图 6 可见,光学厚度的分布与气旋性旋转的云系结构十分接近,在云系发展旺盛的区域对应出现光学厚度的高值区,光学厚度大于 30 的云带呈气旋式分布,说明整体云带液水含量充沛,作业区衡阳境内光学厚度较小,主体区域为 16~24。12 时至 15 时,光学厚度整体呈减小的趋势,可能与可见光减弱有关。根据地面雨量对比分析发现,光学厚度与地面降水有很好的正相关性,光学厚度大值区对应地面的强降水区,降水强度较弱的区域对应的光学厚度较小。结合光学厚度的演变,有助于了解垂直方向上云内液水含量的分布状况,对判断地面降水的强度和落区有很好的指示意义。

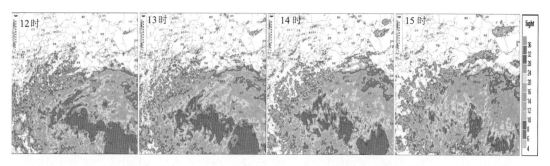

图6　2013年8月17日12—15时光学厚度逐小时演变

5　影响区云降水演变

5.1　目标云和对比区的选取

为分析播云后的物理响应和效果分析,首先需要确定影响区和对比区的位置和范围。本次飞行作业时间为14:04—15:52,飞行轨迹见图3中的AB段,由东向西做"蛇形"飞行。受低压系统的影响,根据探空和NCEP数据得到作业区飞行高度高度上风速为14 m/s,风向为85°的偏东风,云系基本由东向西移动,根据此飞行方案,能达到作业区成片的目的。以飞行播撒区为影响区,面积为14400 km²(图7a区)。由于催化区为台风残留的外围云系,选取催化区上下游回波结构相似的云场分别作为对比区b、c,在高空风的作用下,催化云区和对比云去随时间逐渐向西偏南移动。

根据国内外人工增雨试验后会引起云中固相和液相粒子在数量和尺度方面的显著变化,从而影响到云的宏观特征变化[10,11],本文选取作业时至作业后3 h(14—19时)时段为催化剂的有效影响时段,将此时段的采样资料作为分析对象。

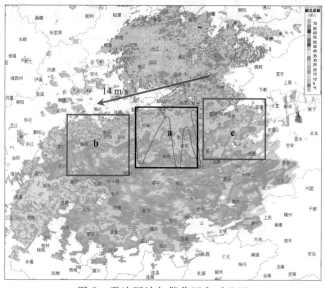

图7　雷达回波与催化区和对比区

(a为催化区,b、c为对比区,红色箭头代表催化高度上的风向风速)

5.2　目标云与对比云的回波参数变化比较

采用邵阳多普勒雷达资料,根据目标云和对比云的雷达回波参量在增雨前后的变化特征来分析增雨后的物理响应和增雨效果。

图 8 是目标云和对比云在增雨前后,三层(5000 m、4000 m、3000 m)CAPPI 值大于 25 dBZ 的回波面积所占比例随时间的变化。通过分析催化区各层回波超过 25 dBZ 所占比例随时间的变化发现,14—17 时,各层大于 25 dBZ 所占比例呈增长趋势,但各层的增长速率有一定的差异。14—15 时,为播云的第一小时,14 时 5000 m 播云高度处大于 25 dBZ 回波所占比例为29.6%,4000 m 处为 38.3%,3000 m 处为 34.4%;15 时,5000 m 高度处大于 25 dBZ 回波所占比例增长为 42.9%,4000 m 处为 50.7%,3000 m 处为 41.3%,对比各层的增长速率发现,5000 m 和 4000 m 高度处大于 25 dBZ 回波所占比例增长速率明显大于 3000 m 处的增长速率。16—17 时,3000 m 处 CAPPI 大于 25 dBZ 回波所占比例由 43.6%增长至 58.9%,增长率达到 15.3%。17—19 时,各层 CAPPI 大于 25 dBZ 回波所占比例约微减小,但基本大于 50%,并长时间维持。由此可见,在催化后一段时间内,催化高度处回波最先响应,主体回波强度逐渐增加。高层回波增强,对应着降水粒子尺度和数浓度的增长,随着时间的推移,高层降水粒子逐渐下降至低层,随之低层(3000 m)回波强度增加。

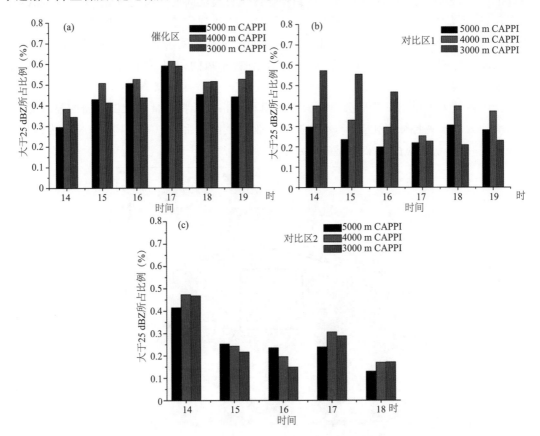

图 8　2013 年 8 月 17 日 14—19 时催化区(a)和对比区 1(b)、对比区 2(c)不同高度(5000 m、4000 m、3000 m)回波大于 25 dBZ 所占比例随时间的变化

通过催化区(图8a)与对比区的对比分析发现,14时,催化区与对比区1(图8b)的5000 m和4000 m高度处CAPPI大于25 dBZ回波所占比例基本一致,而对比区2(图8c)的比例明显较大,表明对比区1的回波结构与催化区较为接近,对比区2的回波强度相对较强。随着催化作业后时间的推移,催化区各层回波强度基本呈增加的趋势,各层大于25 dBZ回波所占比例基本超过50%;而两个对比区各层大于25 dBZ回波所占比例基本呈减小的趋势。

通过分析催化后各高度层回波的物理响应发现,催化一定时间内,高层的回波最先出现明显的响应,回波强度逐渐增长,增长率较大;低层回波相对于高层响应较为滞后,说明催化能引起高层降水粒子的增长,雨滴下落后导致低层回波的增长。通过催化区与对比区的对比分析发现,催化能导致回波的增强,并能相对于延长目标云区的生命期,增大强回波区的面积,有明显的正催化效果。

5.3　影响区和对比区的雨量演变分析

为进一步分析催化后的增雨效果,根据前文选定的影响区和对比区,利用催化区高度的风速和风向,判定影响区和对比区在风场的作用下逐渐西移。本文利用分析区内自动雨量站计算出的平均雨量作为参考值。

图9统计了各区域14—19时逐小时的平均雨量,通过对比分析影响区和两个对比区的逐小时平均雨量的演变发现,影响区在14—15时段内,平均雨量有所减低,可能是由于催化剂需要一定的活化时间。15—19时,雨量呈稳定增加的趋势,增长率在16—17时段内达到最大,为62.2%,与低层300 km远处雷达回波增长时段一致。对比区2的平均雨量在14—16时段内显著降低,减小速率明显大于催化区,随后小时雨量基本维持在1 mm左右。对比区1的小时雨量基本维持在1 mm以下,波动较小。可以看出,在作业前一段时间内,催化区内的雨量逐渐减小,催化后雨量呈稳定增长的趋势,雨量明显大于两个对比区,变化趋势与雷达回波的响应又很好的正相关,说明催化作业确实延长了目标云的生命时间。

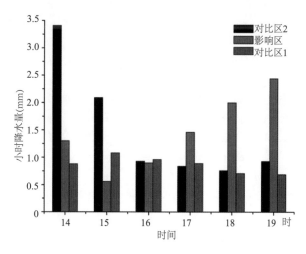

图9　作业影响区和对比区14—19时平均雨量逐小时演变

(红色:影响区;蓝色:对比区1;黑色:对比区2)

6　结论

利用 NCEP1°×1°再分析资料、地面加密小时雨量、FY-2E 静止卫星和多普勒雷达资料对降水云系的结构特征进行分析,并对催化效果进行了初步分析,得到以下结论:

(1)受低压系统和西南季风的共同影响,湖南地区盛行东南气流,水汽输送强烈,有利于降水云系维持。

(2)湘南地区对流发展旺盛,降水较强。湘东地区以积层混合云为主,降水强度较弱。光学厚度与地面降水有很好的正相关性,光学厚度大值区对应地面的强降水区,降水强度较弱的区域对应的光学厚度较小。

(3)催化后,高层的回波最先出现明显的响应,回波强度出现增长;低层回波相对于高层响应较为滞后,说明催化率先引起高层降水粒子的增长,雨滴下落后导致低层回波的增长。催化能引起回波的增强,并能相对延长目标云区的生命期,增大强回波区的面积,有明显的正催化效果。

(4)催化后,目标区雨量呈稳定增长的趋势,雨量明显大于两个对比区,对比区雨量逐渐减小,变化趋势与雷达回波的响应又很好的正相关。

参考文献

[1] 陈小敏,邹倩,廖向花.两次飞机增雨作业过程数值模拟分析.气象,2014,**40**(3):313-326.

[2] 刘晴,姚展予.飞机增雨作业物理检验方法探究及个例分析.气象,2013,**39**(10):1359-1368.

[3] 辛乐,姚展予.一次积层混合云飞机播云对云微物理过程影响效应的分析.气象,2011,**37**(2):194-202.

[4] 张瑞波,刘丽君,钟小英,高安宁.利用新一代天气雷达资料分析飞机人工增雨作业效果.气象,2010,**36**(2):70-75.

[5] 王维佳,刘建西,石立新,刘平,张世林,董晓波.四川盆地降水云系飞机云物理观测个例分析.气象,2011,**37**(11):1389-1394.

[6] 房彬,肖辉,班显秀.CA-FCM方案与其他几种人工增雨评估方案的比较.气象科技,2008,**36**(5):612-621.

[7] 王婉,姚展予.人工增雨统计检验结果准确度分析[J].气象科技,2009,**37**(2):209-215.

[8] 蔡森,周毓荃,朱彬.一次对流云团合并的卫星等综合观测分析.大气科学学报,2011,**34**(2):170-179.

[9] 周毓荃,蔡森,欧建军等.云特征参数与降水相关性的研究.大气科学学报,2011,**34**(6):641-652.

[10] Hobbs P V,Politovich M K. The structure of summer convective clouds in eastern Montana II: Effects of artificial seeding. *Appl Meteor*,1980,**19**:664-675.

[11] 戴进,余兴,Daniel Rosenfeld等.一次过冷层状云催化云迹微物理特征的卫星遥感分析.气象学报,2006,**64**(5):622-630.

一次台风外围云系的增雨个例分析

周丽娜　王　瑾　田文辉　罗　旭

贵州省人工影响天气办公室,贵阳 550081

摘　要　利用我省新一代人工影响天气业务系统对一次台风外围云系的增雨过程进行分析。结果表明:GRAPES模式和MM5模式对增雨潜力区的识别有一定的指示意义,利用云精细化分析技术;以卫星、雷达为主的多种观测资料融合实现对增雨潜力区的识别和监测,配合增雨指标,指导增雨作业;最后利用回波的演变、作业影响区和对比区的雨量对比分析上,分析得出此次增雨作业有明显的效果。

关键词:云系,增雨,作业,效果

1 引言

贵州省地形复杂,气候多变,由于降水时空分布不均匀性,地形切割大,加上典型的喀斯特地貌,蓄水保水能力差,存在严重的季节性和工程性缺水,城市缺水达 50 亿 t。年平均发生春、夏旱日数在 50 d 以上,严重时旱灾持续 170 d 以上。2008 年冬春连旱造成了森林火灾 1493 起,过火面积 12.8 万余亩[①],造成 11 人死亡;2009—2010 年发生的夏秋连旱叠加冬春旱,有 84 个县(市、区)不同程度受灾,是有气象记录来最为干旱的一年。2013 年 6 月中旬开始,受持续晴热少雨天气影响,我省大部分地区出现不同程度干旱,旱情发展迅猛,呈现不断加剧和蔓延的态势。据统计,全省有 83 个县(市、区)1302 个乡镇 1667.25 万人不同程度受灾,因旱造成直接经济损失 90.46 亿元。人工增雨成为"抗旱救灾保民生、保秋收、保增长"的有效措施。近年来,通过项目建设和课题研究,贵州省人工影响天气现代化能力得到提升,随着人工影响天气业务系统的不断完善和新型探测设备的投入使用,对人工影响天气的科学指挥和效果检验提出了更高的要求。在这一背景下,如何利用新的技术准确分析增雨作业条件[1~7],科学开展作业效果的分析成为亟待解决的关键问题。

本文以 2013 年 8 月 3 日台风外围云系的人工增雨过程为例,利用我省的新一代人工影响天气业务系统,通过模式预报产品、卫星反演产品、雷达产品、探空分析产品、雨量等资料对人工增雨作业条件和作业效果分析进行初步的研究探索。

2 天气背景分析

从 8 月 3 日 08 时 500 hPa 强热带风暴"飞燕"位于海南西部沿海,未来向西北移动,我省

* 资助项目:贵州省科学技术基金项目《积层混合云的催化模拟研究》黔科合 J 字[2010]2060 号

作者简介:周丽娜,女,1981 年生,硕士,工程师,主要从事人工影响天气业务技术开发工作,Email:linazhoubb@163.com

① 1 亩=1/15 hm²,下同

南部受其倒槽影响,700 hPa 和 850 hPa 我省南部同样受其倒槽影响,地面我省受其外围偏东气流的影响。随强热带风暴"飞燕"进一步向西北方向移动(如图 1),我省受台风外围环流影响(图 2);南风急流建立,西南部受偏南气流湿度层深厚,相对湿度较高达 90%。因此,在 3 日 20 时至 4 日 02 时,受东南—西北移热带风暴"飞燕"外围云系影响,我省南部有阵雨或雷雨,局地有中雨(图 3、4)。

图 1　2013 年 8 月 3—4 日台风"飞燕"移动路径预报

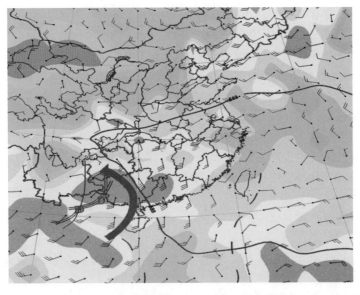

图 2　2013 年 8 月 3 日 20 时 EC 综合分析

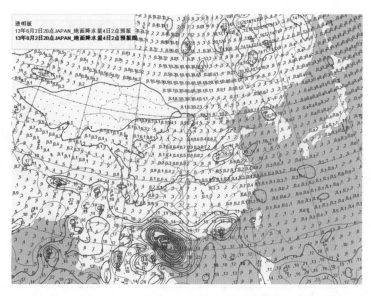

图3　2013年8月3日20时—4日02时日本模式6 h降水预报

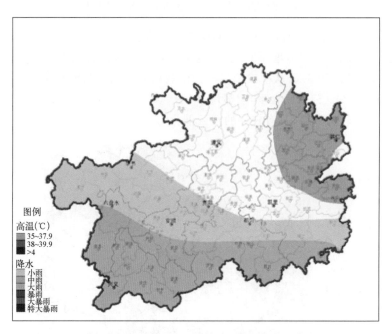

图4　2013年8月3日08时—4日08时贵州高温及降水落区预报

3　人工增雨作业条件分析

从国家气象中心下发的基于GRAPES模式的人工增雨云模式产品来看,8月3日08时—4日05时,贵州大部有云系覆盖。贵州南部旱区预报累积过冷水约有0.3~0.5 mm,过冷水主要位于0~-10℃层(海拔高度5000~7000 m),具有一定的催化潜力(图5)。

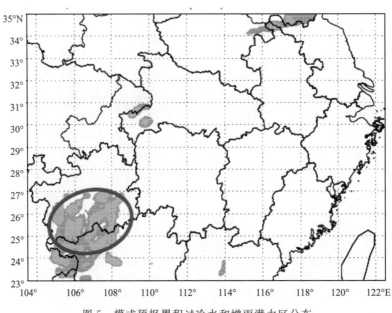

图 5　模式预报累积过冷水和增雨潜力区分布

从 MM5 模式预报的云宏观场中云带的变化情况来看,8 月 3 日 08 时至 20 时我省西部、南部的云层逐渐生成、并有明显增厚的趋势,至 4 日 05 时,贵州省西部、南部的垂直累积液态水含量达 1.5～2 g/kg(图 6)。从模式预报的云微观场的变化情况来看,8 月 3 日 20 时至 4 日 05 时,我省西南部的 Qc(云水比含量)明显增多(图 7,8),最大值达 0.7 g/kg,850～500 hPa 都有丰富的云水,暖层较为深厚,具有较好的暖云催化潜力。

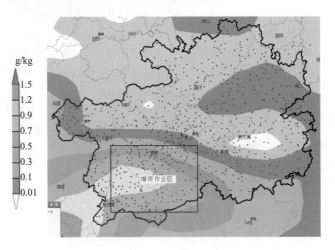

图 6　8 月 4 日 08 时贵州省西南部垂直累积液态水含量

结合模式预报的情况来看,由于热带风暴"飞燕"的影响,我省西南部受台风外围冷暖混合云系影响,至东南向西北方向移动,暖层厚度约有 4000 m,暖层深厚,过冷水区主要集中在 5000～7000 m,适宜开展人工增雨作业。省人影办根据模式预报情况,针对西南部旱区制定了飞机、地面火箭联合人工增雨作业方案。

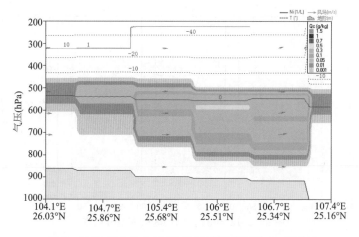

图 7　2013 年 8 月 3 日 20 时贵州省西南部 Q_c 剖面图

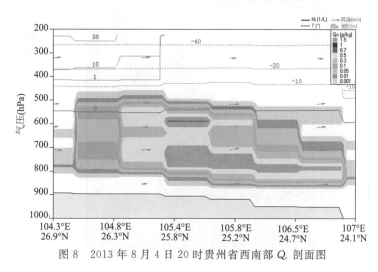

图 8　2013 年 8 月 4 日 20 时贵州省西南部 Q_c 剖面图

4　云作业条件的综合监测分析

从 8 月 3 日 08 时威宁、贵阳、河池、百色探空站探空空间分析来看(图 9):靠近南部的探空站云系更加深厚,更有利于开展增雨作业。贵阳站探空资料显示:0℃层高度为 5108 m,−10℃层高度为 7086 m。

综合 8 月 3 日 10 时到 16 时的红外云图和水汽云图上可以看到(图略),由东南向西北方向有较强的水汽输送,云层在我省的西南部逐渐生成增厚,在 14 时左右台风外围云系移至我省西南部旱区,在 15 时有云团合并增强,TBB 在 −30～−40℃之间。

由 8 月 3 日卫星反演的光学厚度和过冷层厚度的演变情况可以看出(图 10、11):8 月 3 日 09 时到 15 时,我省西部、南部的云中生成多个液水团并逐渐合并生成较大的液水团,在 15 时形成较大的液水团,其含水量丰沛,大部分区域光学厚度达 24 以上,过冷层厚度达 4 km 以上,有开展增雨作业的有利条件。

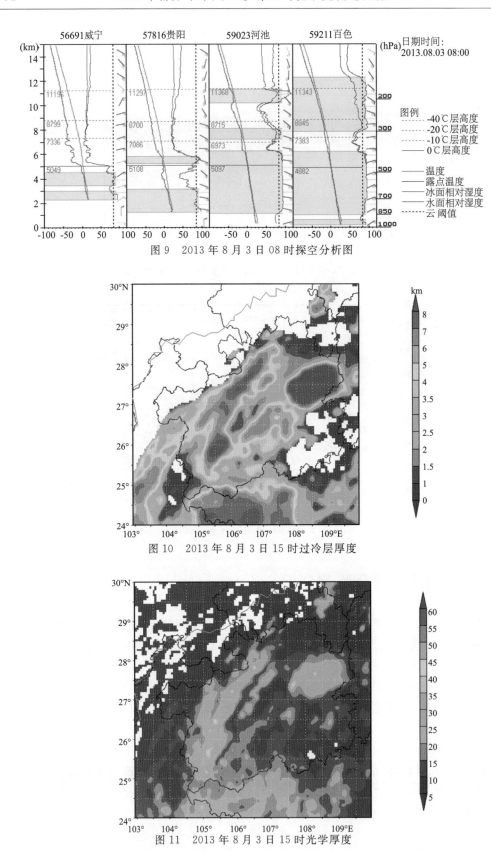

图 9　2013 年 8 月 3 日 08 时探空分析图

图 10　2013 年 8 月 3 日 15 时过冷层厚度

图 11　2013 年 8 月 3 日 15 时光学厚度

一般来说选择光学厚度10～30范围内的云进行催化,易增加地面降水[8]。综合分析监测资料表明:模式预报的最佳作业时机较实际偏晚,从3日午后开始就有增雨作业条件。

我省增雨飞机在2013年8月3日12—14时对我省西南部旱区实施了飞机增雨,航迹为磊庄—安顺—普定—六枝—关岭—镇宁—贞丰—紫云—册亨—望谟—罗甸—长顺—磊庄(图12)。

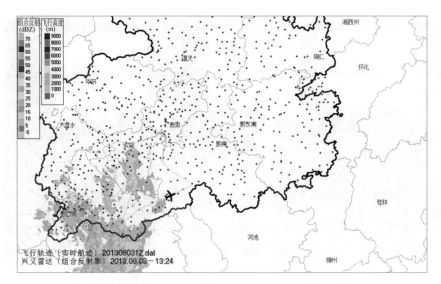

图12　贵州省2013年8月3日飞机增雨航迹图

从3日12时开始,我省西南部旱区逐渐有回波生成、合并,形成大块回波,回波强度在25 dbZ以上,回波从东南向西北方向移动,逐渐影响我省西部地区。随着回波的变化,根据预设的预警指标:回波强度20 dBZ和回波顶高大于6 km,业务系统发出地面增雨作业预警信息。如14时46分,根据回波的移速移向、回波强度、回波顶高等,系统生成增雨作业预警信息,对兴仁县雨樟炮站、潘家庄炮站、城关炮站、鲁础营炮站等炮站发出增雨作业预警,可增雨云团距离炮站约10～20 km,炮站做增雨准备(图13)。

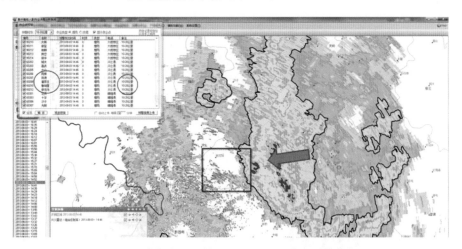

图13　贵州省2013年8月3日地面作业预警信息

当回波到达炮站附近时,炮站开始增雨作业。由回波到达双乳峰炮站附近时的雷达回波剖面图可以看到(图14),此时回波顶高11 km,冷云区厚度6 km。双乳峰炮站作业方位东偏南,高度5~6 km,回波核强度35~40 dBZ。

8月3日下午14时开始,黔西南州贞丰县、兴仁县和安顺市紫云县、镇宁县境内的九个移动火箭车共开展增雨作业34次,使用火箭弹69枚。

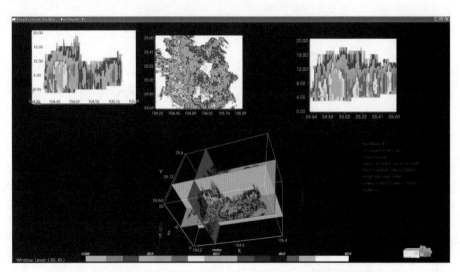

图14　贵州省2013年8月3日15时双乳峰炮站附近雷达回波剖面图

5　作业效果分析

增雨作业后,卫星反演产品显示,催化云系的云顶温度较作业前降低,且整个云体温度降低,平均值由−9.07℃降为−22.73℃(图15)。云顶高度z_{top}升高,由作业前的12 km上升到14 km,整个云体上升,平均值从6.98 km上升为9.68 km(图16),催化作业对云体的影响效果明显。

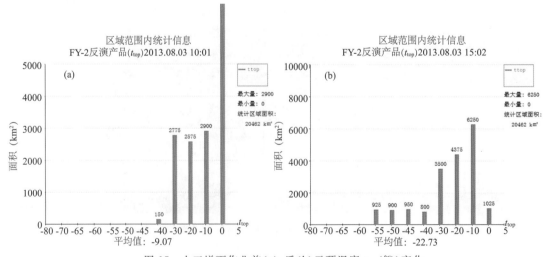

图15　人工增雨作业前(a)、后(b)云顶温度t_{top}(℃)变化

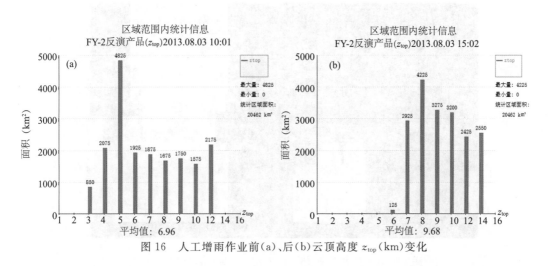

图 16　人工增雨作业前(a)、后(b)云顶高度 z_{top}(km)变化

从增雨作业时和作业后飞行航迹上的回波变化情况看,作业后 1 h 回波合并增强(图 17、18)。

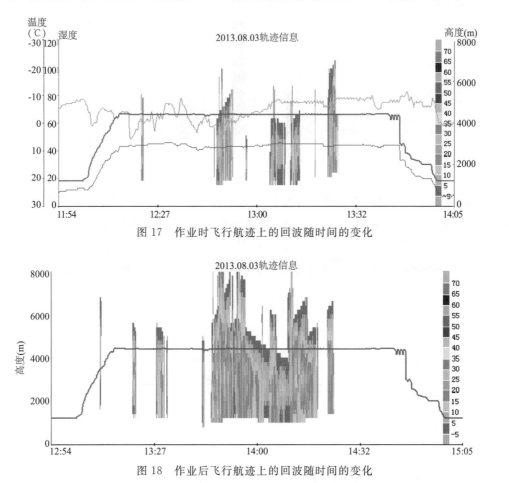

图 17　作业时飞行航迹上的回波随时间的变化

图 18　作业后飞行航迹上的回波随时间的变化

对比兴仁县火箭作业点附近兴仁县作业前后雷达回波的变化情况,发现影响区内回波在作业后15 min 后明显增强,回波面积增大,30 dBZ 以上回波增加,回波高度增加(图 19、20)。

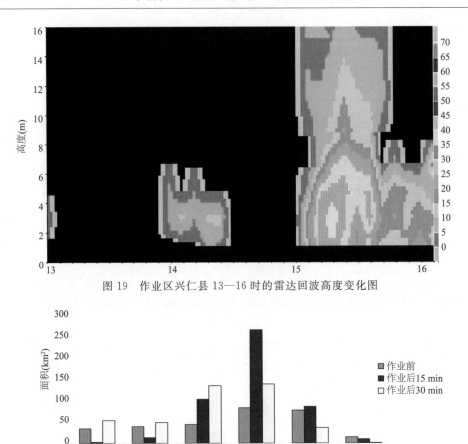

图 19　作业区兴仁县 13—16 时的雷达回波高度变化图

图 20　兴仁县作业前后各回波强度面积变化

　　从地面作业前后影响区内回波与雨量的变化情况（图 21～23），可以明显看出：作业前回波强度较弱，有零星的降水；作业后 15 min，回波明显增强，回波高度增加，影响区内最大降水量为 2.3 mm。作业后 30 min，影响区内有明显的降水。

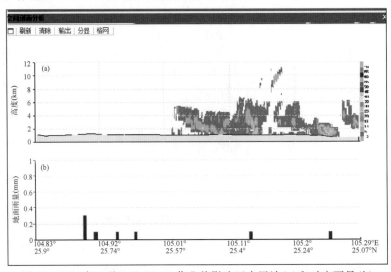

图 21　2013 年 8 月 3 日 14:00 作业前影响区内回波(a)和对应雨量(b)

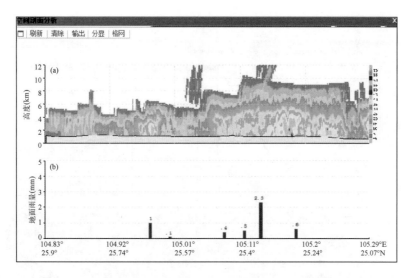

图 22   2013 年 8 月 3 日 15:00 作业后 15 min 影响区内回波(a)和对应雨量(b)

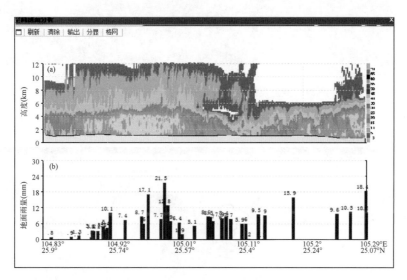

图 23   2013 年 8 月 3 日 16:00 作业后 60 min 影响区内回波(a)和对应雨量(b)

通过卫星反演产品、雷达回波、雨量综合分析可以看到(图 24):在作业影响区内,回波强度、降雨量明显高于非作业区。

考虑系统的移动方向,选择了 3 个作业对比区与影响区的作业效果进行对比(图 25),从 1 小时降水量的情况,可以明显看到:在作业影响区内降水量为 1 mm 的站点有 19 个,5 mm 的站点有 39 个,10 mm 站点有 19 个,25 mm 站点有 16 个;在对比区 1 内仅有 0.1～1 mm 的降水;对比区 2 内降水量为 1 mm 的站点有 10 个,降水量为 5 mm 的站点有 2 个;在对比区 3 内降水量为 1 mm 的站点有 33 个,降水量为 5 mm 的站点有 43 个,总的来看,影响区内的降水量明显大于其他 3 个对比区的降水量,作业有明显的效果。

8 月 3 日 12—17 时全省累计雨量上可以看到(图 26),全省中、南部降水云系产生了小到中雨量级的降水,其中人工增雨作业影响区降水明显大于相邻非影响区。

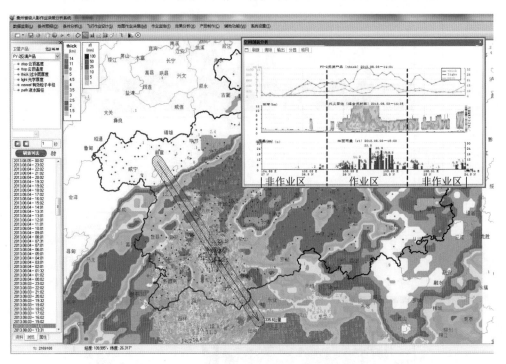

图 24　卫星反演产品－雷达回波－雨量综合分析

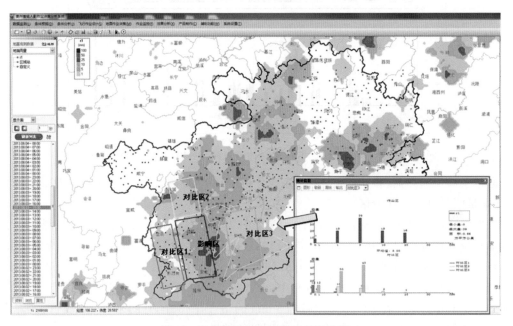

图 25　作业影响区与对比区效果分析

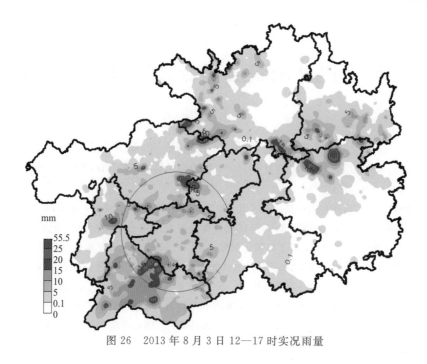

图26 2013年8月3日12—17时实况雨量

6 结语

本文针对2013年8月3日一次台风外围云系增雨个例,利用我省新一代业务技术系统,完成了作业前的条件分析、云条件的综合监测预警分析、作业效果分析,初步得到以下结论:

(1)针对此次过程GRAPES模式和MM5模式的预报都偏晚,但对潜力区的识别上较为准确,在作业条件的分析上有一定的指示意义。

(2)应用云精细化分析技术,以卫星、雷达为主的多种观测资料融合,实现对增雨潜力区的识别和监测,实时对增雨潜力区做订正分析。在贵州省针对云微物理过程没有直接的观测设备,云精细化分析技术提供了一个识别增雨潜力区可靠方法,但识别指标尚待统计分析;雷达的三维立体分析为"三适当"提供了支撑。

(3)作业效果分析主要是物理检验。云精细化分析系统提供了基于多种云参数的统计检验方法,在实际应用中还需对其客观性进行总结。

参考文献

[1] 于丽娟,姚展予,一次层状云飞机播云试验的云微物理特征及相应分析,气象,2009,**35**(10):8-25.

[2] 黄毅梅,周毓荃,刘金华等,人工增雨可播区域自动选择方法研究,气象,2008,**34**(7):108-113.

[3] 张连云,冯桂利,降水性层状云的微物理特征及人工增雨催化条件的研究,气象,1997,**23**(5):3-7.

[4] 周毓荃,欧建军.利用探空数据分析云垂直结构的方法及其应用研究,气象,2010,**36**(11):50-58.

[5] 唐仁茂,向玉春,叶建元等,多种探测资料在人工增雨作业效果物理检验中的应用,气象,2009,**35**(8):70-76.

[6] 洪延超,周非非,层状云系人工增雨潜力评估研究,大气科学,2006,**30**(5):913-926.

[7] 翟青,黄勇,胡雯等,一次积层混合云降水过程增雨条件分析,气象,2010,**36**(11):59-67.

[8] 周毓荃,蔡淼,欧建军等,云特征参数与降水相关性的研究,大气科学学报,2011,**34**(6):641-652.

湖南"尤特"台风外围积层混合云飞机催化播撒分析 *

唐　林[1]　周毓荃[2]　蒋元华[2]　王治平[1]　张中波[1]　李　琼[1]

1. 湖南省气象局,湖南 长沙 410007;2. 中国气象局人影中心,北京 100081

摘　要　针对"尤特"台风外围积层混合云系开展飞机催化播撒作业,需根据云系的宏微观特征选择作业区域和作业时机。分析表明,飞机催化播撒主要在层状云中和积云边缘进行,雷达回波强度在 20～30 dBZ 之间,＞30 dBZ 的积云面积大于 300 km²;飞机催化播撒层回波强度为 15～20 dBZ;回波顶高＞8 km,VIL＞5 kg/m²。飞机催化播撒区域的云顶亮温一般为 −30～−35℃,卫星反演云参数云顶高度＞8 km,云顶温度＜−30℃,云的有效粒子半径＞15 μm,光学厚度＞17。播撒区域上风方有充足的水汽和水凝物含量输送,0℃ 附近有微弱的上升气流,0～−10℃ 之间的冰晶浓度很小,整层冰晶浓度为 1～10 个/L,自然冰晶偏少。催化播撒后,雷达回波统计特征有明显的变化;作业影响区 6 小时地面雨量明显增多。

关键词:台风外围,积层混合云,飞机催化播撒

1　引言

2013 年夏季,受西太平洋副热带高压控制的影响,湖南省 7 月份和 8 月上旬连续高温少雨,遭受了特大干旱灾害。8 月 13 日起,受强台风"尤特"降水影响,湘南旱情得到解除,但湘东旱情却持续发展。8 月 18 日,由于受"尤特"减弱后的低压倒槽影响,湘南地区出现较强降水,湘东的长株潭地区仅有分散性弱降水。18 日早晨 5 时,气象雷达回波显示,在湖南株洲和江西萍乡、新余之间有降雨云系逐渐生成,缓慢西移,有利长株潭地区开展飞机人工增雨作业。

2　天气形势分析

2.1　高空天气形势

2013 年"尤特"台风 14 日在广东登陆,沿着副热带高压边缘往西部移动,从高空天气形势图(见图 1)来看,2013 年 8 月 17 日 08 时,台风登陆形成的低压系统中心位于广西东北部,随着 8 月 18 日海上副热带高压与陆地上的高压系统贯通连成一片,低压系统继续南移,低压中心位于广西西南部。湖南处于低压系统倒槽之中,长株潭地区位于倒槽前部,催化播撒区域位

资助项目:"湖南飞机增雨催化作业技术研究与应用"

作者简介:唐林(1977—),男,湖南祁阳人,硕士研究生,主要从事人工影响天气技术开发及相关研究。E-mail:tang_lin77@163.com

于螺旋风场之内,500 hPa长沙探空风场有较强的东风,风速达到 12 m/s,较强的东风从海面带来充足的水汽输送。

2.2 探空云垂直结构

周毓荃等[1]利用我国气象业务探空秒数据,采用相对湿度阈值法分析云垂直结构,计算分析不同云垂直结构,开发了探空秒数据的实时读取和计算方法,设计制作了云垂直结构探空分析显示图,初步形成了基于业务探空的云结构分析技术。

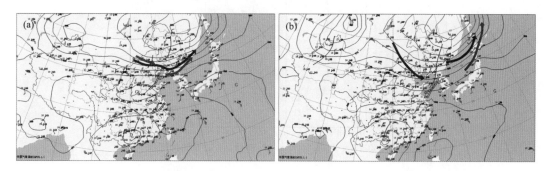

图1　2013年8月17日08时(a)和8月18日08时(b)高空天气形势图

图2为2013年8月18日08时和20时的探空资料,采用冰面相对湿度和水面相对湿度计算的云阈值法,分析了云层垂直结构。从图2a来看,郴州探空站基本上都是上下较为一致的南风;长沙探空站500 hPa以下基本上为偏东风,在8 km高度有风向的切变,其上转为偏西风;怀化探空站整层基本都是偏东风,说明这三个探空站位于台风低压的外围螺旋风场之内。三个探空站显示的云层都比较深厚,尤其郴州和长沙,云顶高度达到10 km。从图2b来看,郴州和长沙的云顶高度进一步升高,达到13 km,而怀化云层有所减弱,并且中间层出现无云区。

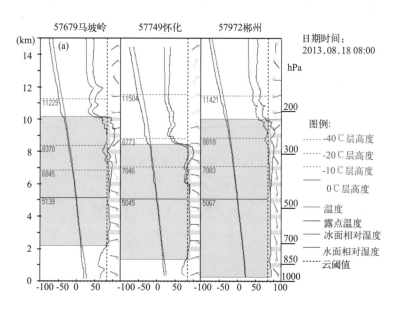

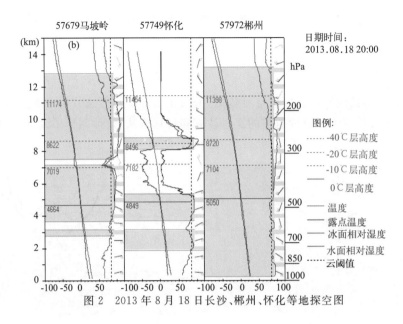

图 2　2013 年 8 月 18 日长沙、郴州、怀化等地探空图

3　飞行催化播撒情况

表 1 和表 2 为 2013 年 8 月 18 日两架次飞行及催化播撒情况,分别在当日的上午和中午,第一架次和第二架次播撒云系均为台风"尤特"登陆后外围云系的积层混合云,飞行区域均在湘潭、株洲和衡阳之间。第一次飞行催化播撒 9:10 开始,10:30 结束,第二次飞行催化播撒 11:38 开始,13:34 结束。在两次催化播撒期间,飞行高度约为 5500 m,而从 08 时探空来看,0℃ 的高度为 5139 m,播撒区的温度约为 −2℃,其风向为偏东风。10:06 点燃的两根暖云催化剂,主要成分为钾盐;其余催化播撒点燃的都是冷云催化剂,每根焰条携带碘化银 125 g,成核率在 −10℃ 为 10^{15} 个/g。

表 1　2013 年 8 月 18 日两架次飞行情况

架次	机号	日期	起飞时间	落地时间	飞行时间	飞行区域
2013081801	运 7	20130818	8:37	10:33	1 小时 56 分	湘潭、株洲、衡阳
2013081802	运 7	20130818	11:25	13:55	2 小时 30 分	湘潭、株洲

表 2　2013 年 8 月 18 日两架次飞行催化播撒情况

第一次飞机催化播撒					
左侧焰条	点火时间	催化云系	右侧焰条	点火时间	催化云系
1	9:10	冷云	1	9:10	冷云
2	9:15	冷云	2	9:15	冷云
3	9:30	冷云	3	9:30	冷云
4	9:43	冷云	4	9:43	冷云
5	10:06	暖云	5	10:06	暖云

续表

第二次飞机催化播撒					
左侧焰条	点火时间	催化云系	右侧焰条	点火时间	催化云系
1	11:38	冷云	1	11:38	冷云
2	12:01	冷云	2	12:01	冷云
3	12:23	冷云	3	12:23	冷云
4	12:45	冷云	4	12:45	冷云
5	13:02	暖云	5	13:02	暖云

4　积层混合云雷达回波特征

4.1　雷达回波组合反射率特征

林长城等[2],孙鸿娉等[3]对人工增雨作业条件进行了雷达回波方面的分析,得出了相应的作业指标。由图 3 可见,从两次飞行催化播撒时的雷达回波组合反射率图来看,整个关注区域为层状云系,其回波反射率一般为 20~25 dBZ;但是,其上风方有较强的、分散的对流云团,对流云团的回波反射率达到 30 dBZ 以上。

两次飞行相隔时间为 1 h,累计催化播撒为 2.5 h,催化云系均为台风外围积层混合云,但催化播撒区域均在层状云系之中。从图上来看,对于积层混合云来说,雷达回波强度在 10 dBZ 到 40 dBZ 之间,≥30 dBZ 的区域一般为对流云团。

长沙雷达(0.5°仰角回波强度)2013.08.18 09:08

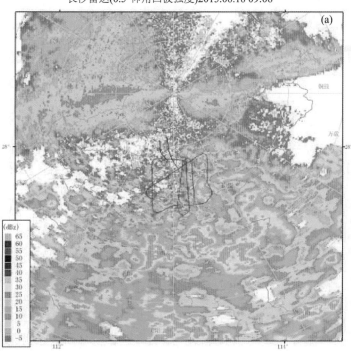

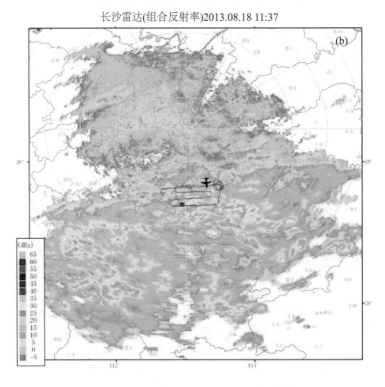

图 3　飞机催化播撒雷达回波组合反射率

　　统计分析两次催化播撒的雷达回波特征,大方框范围为催化作业关注区,小方框范围为催化作业区域,从图 4a 和图 4c 来看,关注区域面积约为 1.5 万 km²,<25 dBZ 的面积约占 2/3,≥25 dBZ 的面积约占 1/3;从图 4b 和图 4d 来看,催化作业区面积约为 5000 km²,<25 dBZ 的面积约占 95%,≥25 dBZ 的面积约占 10%~20%,从第一次催化播撒区域来看,≥30 dBZ 的面积大于 300 km²;从第二次催化播撒区域来看,≥30 dBZ 的面积超过 1000 km²。

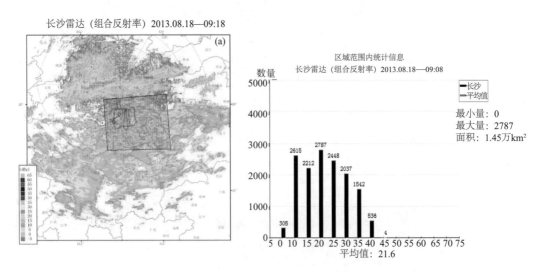

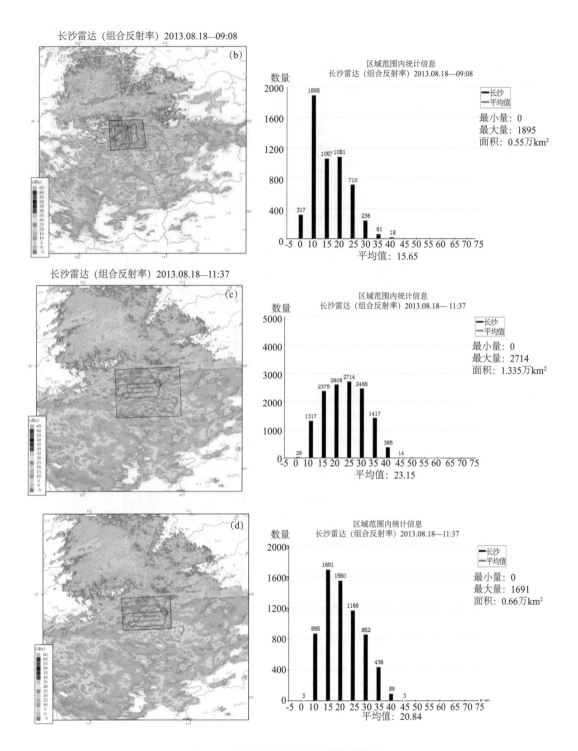

图 4　飞机催化播撒雷达回波统计特征

4.2　雷达回波 VIL 特征

从 8 月 18 日 9:14 和 11:37 的垂直累积液态含水量分布来看,在两次播撒期间,作业 区的液态含水量>5 kg/m²,且分布较为均匀,部分地区超过 10 kg/m²。

长沙雷达（VIL）2013.08.18　09:14

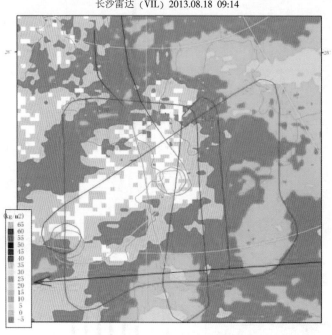

长沙雷达（VIL）2013.08.18　11:37

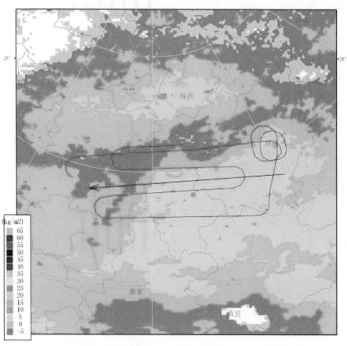

图 5　飞机催化播撒后雷达回波 VIL 分布（单位:kg/m²）

4.3　飞行轨迹及其雷达回波剖面

　　将飞机催化播撒飞行轨迹与雷达回波资料叠加,并将轨迹上的雷达回波作剖面,分析催化播撒高度层雷达回波特征,从图6a可以看出,9:10开始播撒,到10:30结束播撒,在此期间,飞行高度约为5500 m,而从08时探空来看,0℃的高度为5139 m,飞行催化播撒层回波强度约为15 dBZ,其下为20~25 dBZ区域,并且垂直厚度约为4 km,整个飞行轨迹雷达回波均<30 dBZ。从图6b来看,由于飞机数据有所缺失,只记录了12:08~13:12时间段内的资料,整体来看,飞行催化播撒高度在20 dBZ的区域之上,其下是较为深厚的20 dBZ的区域。而且,在12:30~12:45期间,飞行的下方有大于40 dBZ的强回波区域,显示在该时间段,该地区出现已降水。

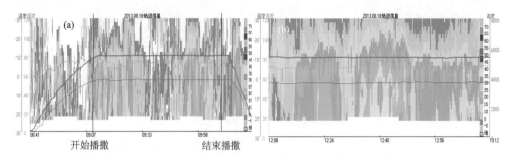

图6　2013年8月18日两次飞行播撒轨迹及其雷达回波剖面

4.4　飞机催化播撒雷达回波指标综合分析

　　(1)回波组合反射率特征。在大片的片状回波中镶嵌有强度为30 dBZ以上的块状对流单体回波,或中尺度对流带,积云面积>300 km²;片状回波强度为20 dBZ以上,一般不超过30 dBZ;播撒层回波强度为20~25 dBZ。

　　(2)雷达回波垂直结构特征。飞机催化播撒层回波强度为15~20 dBZ,其下为较为深厚的20~25 dBZ区域,并且垂直厚度>4 km。

　　(3)回波顶高和VIL特征。催化播撒的云体回波顶高>8 km,有时候可见0℃层亮带,VIL≥5 kg/m²。

5　卫星云图与反演云参数

5.1　卫星云图

　　黑体亮度温度(TBB)是由卫星通过扫描辐射仪观测下垫面物体获取的辐射值经量化处理后得到,它反映了不同下垫面的亮度温度状况。徐小红等[4]应用卫星云图对人工增雨作业条件进行了相关分析,得出了有关指示。图7为监测到的本过程云系的卫星TBB资料,卫星TBB资料为逐小时资料。

　　从图7来看,8月18日,台风"尤特"登陆后减弱为低气压,中心大约在广西东北,湖南湘南地区有很深厚的对流云团,而湘中地区一直位于台风外围,地面降水少,旱情无法得到缓解,

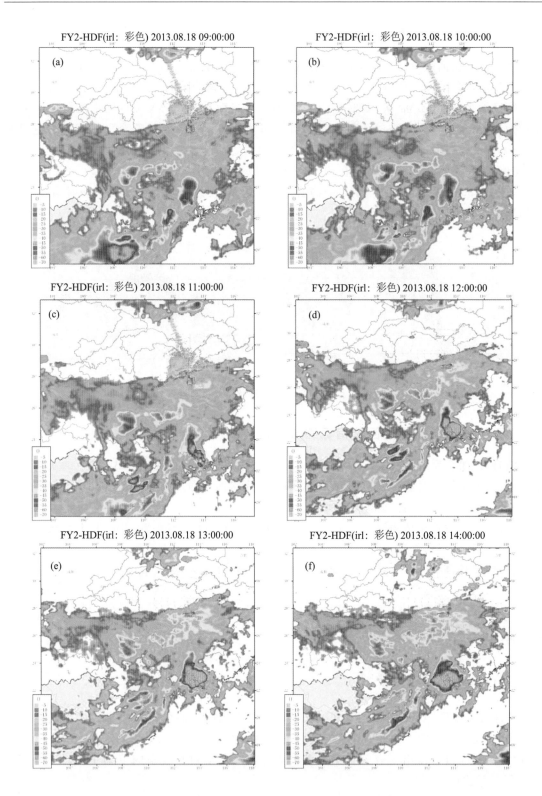

图 7 2013 年 8 月 18 日 09—14 时逐时卫星云图(a—f)

湘中以南地区受该系统影响,已解除旱情,部分地区甚至造成了局地洪涝。

而两次飞机催化作业均选择为台风外围云系的积层混合云,图7a和图7b为第一次催化时段,图7d和图7e为第二次催化时段,图7c和图7f均为催化后1 h的卫星云图。整体来看,催化作业后,催化区域对流云团有所增加,黑体亮温有所降低,在层状云区之间有大片的对流云区,云中有多个−50℃的负温大值中心,飞行区域的云顶亮温一般为−30～−35℃。

5.2 卫星云图反演云参数特征

周毓荃等基于FY-2C/D静止卫星遥感观测,融合高空和地面观测资料,研发了云宏微观物理特性参数的反演技术方法,反演得到的光学厚度、云的有效粒子半径、云顶高度、云顶温度和液态水路径等多种产品。

从8月18日9:00和12:00的卫星反演云参数特征来看,云顶高度均超过8 km,对应的雷达回波顶高也超过8 km,甚至更高;云顶温度在−15～−30℃之间;光学厚度一般超过17;云的有效粒子半径>15 μm。

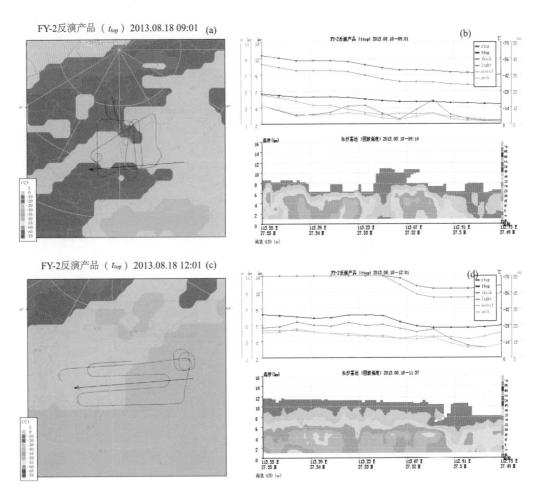

图8　2013年8月18日飞机催化播撒区域卫星云图反演云参数

6　MM5_CAMS 模式预报云特征

人影中心运转的 MM5_CAMS 人影预报模式,采用了人影中心的云参数化方案,主要特点是:准隐式计算方案,确保计算正定、守恒;详细的双参数微物理方案。MM5 模式的空间分辨率为 15 km,时间分辨率为 1 h。主要输出产品包括:降水场、云宏观场、云微观场和形势场。

图 9 是两次催化播撒期间的 MM5_CAMS 模式预报结果,起报时间为 8 月 18 日 08 时,预

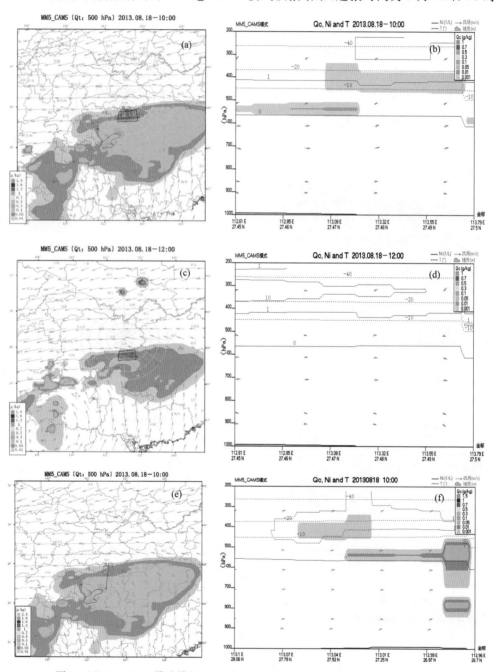

图 9　MM5_CAMS 模式模拟 2013 年 8 月 18 日水凝物输送及冰晶浓度分布

报场的时效小(起报后 4 h),可以近似为模拟场。从图 9a 和图 9c 来看,播撒区域位于云系的下风方向,其上风方有充足的水汽和水凝物含量输送,因此在催化区域能够得到很好的补充;从图 9b 和图 9d 来看,0℃附近有微弱的上升气流,有利于催化剂随着上升气流输入到过冷层,0～-10℃之间的冰晶浓度很小,整层冰晶浓度为 1～10 个/L,自然冰晶偏少。

7 飞机催化播撒效果分析

7.1 雷达回波特征统计分析

从 8 月 18 日 8:38 的长沙多普勒天气雷达回波图来看,将对比区选择为作业影响区的上风方(见图 10a),面积相当,约为 0.6 万 km²,由于均为台风外围云系,且均为积层混合云。根据雷达回波特征量分析(见图 10b),蓝色区域为对比区,红色和黄色区域为重合区域,为作业影响区。

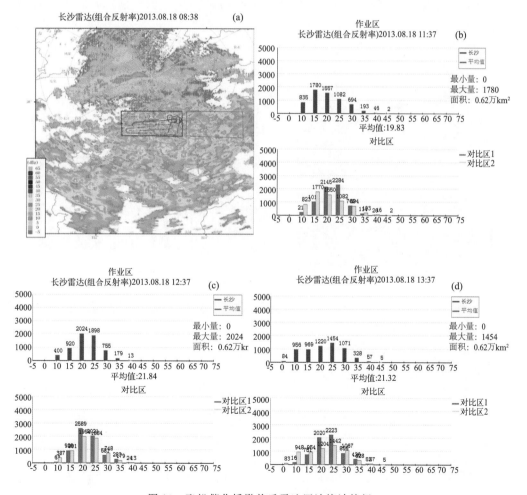

图 10 飞机催化播撒前后雷达回波统计特征

　　图10b～d分别为作业前、作业中和作业后的作业影响区和对比区的雷达回波特征统计分析。从作业影响区的雷达回波特征变化来看,第二次飞行开始催化时(11:37),作业区雷达回波分布较为均匀,催化期间,从12:37的雷达回波特征来看,20 dBZ以下的区域减小,≥20 dBZ的区域增加,并且≥30 dBZ的面积也有所增加,说明催化后整个作业影响区的雷达回波有增强的趋势;催化后(13:37),≥30 dBZ的区域进一步增加,整个过程雷达回波统计特征有明显的变化。而作业对比区的雷达回波特征却没有明显变化,催化前、催化中和催化后雷达回波统计特征曲线基本没有变化。

7.2　单点催化播撒雷达回波特征

　　选取在飞行轨迹的某一点(113.34°E,27.57°N),8月18日两次播撒均经过该点,第一次飞行播撒经过该点时间为9:26(图11a的飞机红点),在飞行轨迹及其雷达回波剖面,其飞行高度为5500 m,其时零度层高度为5139 m,播撒层温度为−2℃;第二次飞行播撒经过该点时间为12:21(图11b的飞机红点),飞行高度也是5500 m。

　　从图11b可以看出,该地区第一次催化播撒时,播撒层雷达回波强度为20 dBZ,回波整层自下而上递减,20 dBZ回波延伸到−20℃以上,高度达到7.5 km,过冷层厚度约为3 km;从图11 d可以看出,该地区第二次催化播撒时,播撒层雷达回波强度也是20 dBZ。

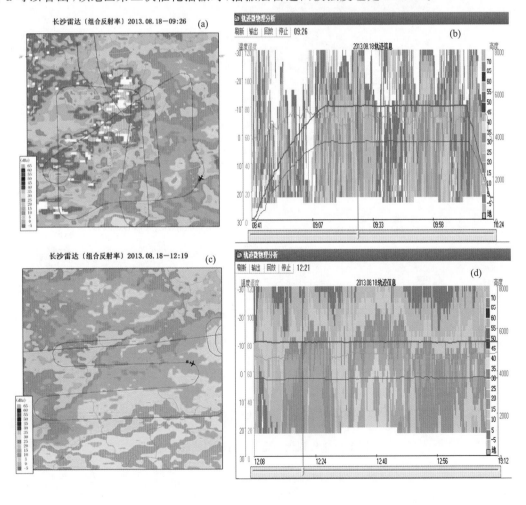

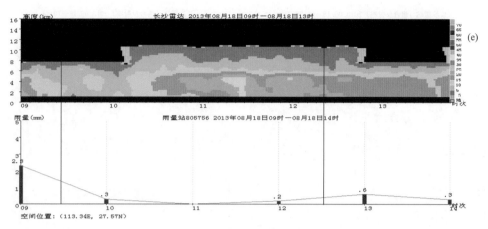

图 11　某催化点(113°34′E,27°57′N)雷达回波时间序列与雨量分布图

图 11e 为该点 8 月 18 日 08～14 时的雷达回波剖面图与地面雨量分布图,从该图可以看出,两次播撒期间,雷达回波在 10:30—12:50 期间,零度层以下出现一个强回波区,并且回波垂直方向有增长的趋势,回波顶高从 8 km 增长到 11 km,并于 13:00 回落到 8 km。地面雨量 09—14 时有两个峰值区,对应于两次播撒,6 h 累积降水为 3.7 mm。

7.3　飞机催化播撒前后云系雷达回波变化

9:10～10:15 进行了第一次飞行播撒,下图 12a 为催化播撒及其一小时后的扩散区域;图 12b～d 为播撒前、播撒中和播撒后的雷达回波。播撒前,8:56,在催化播撒区域及其以南有分散的积云块;9:38,该区域正在催化播撒,从雷达回波来看,分散的积云块在慢慢的进行合并;10:14,催化播撒结束,催化区域及其以南形成了积云带。

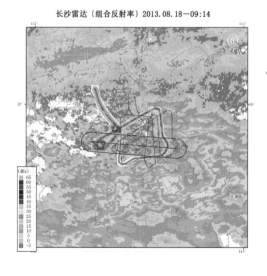

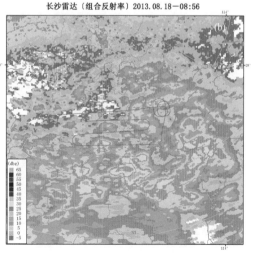

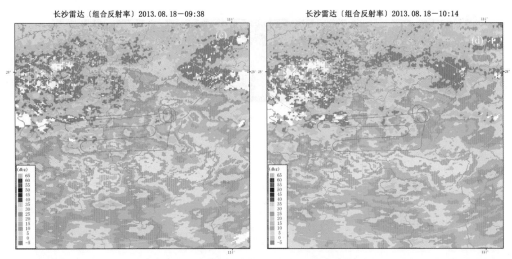

图12　飞机催化播撒前后积云合并趋势图

7.4　地面雨量分析

由于8月18日两次飞机催化播撒基本在相同区域,播撒开始时间为9:10,播撒结束时间为13:30,因此将作业影响区与对比区的6 h(9:00—14:00)地面雨量作为催化效果,并对逐时雨量进行对比分析。

从图13a来看,影响区和对比区均位于台风外围螺旋雨带的边缘,且层次相当,属于相对稳定的层状云降水。从图13b来看,作业影响区6 h之内,有较为明显的两个峰值区,基本对应两次催化播撒,而对比区地面雨量变化不大。作业影响区6小时降水为3.54 mm,对比区为2.57 mm,两者相差约为0.97 mm。从图14来看,作业影响区域降水随着催化有逐渐增多的趋势。

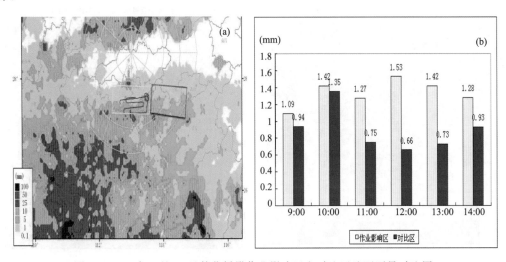

图13　2013年8月18日催化播撒作业影响区和对比区地面雨量对比图

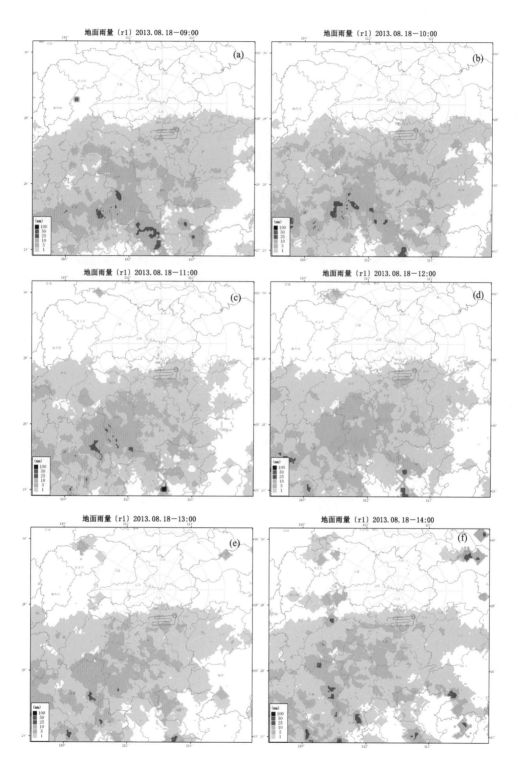

图14　2013年8月18日09—14时逐时(a—f)降雨分布图

8　结论

（1）针对台风外围云系积层混合云的飞机催化播撒，主要在层状云中和积云边缘进行播撒，雷达回波强度在 20～30 dBZ 之间，＞30 dBZ 的积云面积大于 300 km²；飞机催化播撒层回波强度为 15～20 dBZ；回波顶高＞8km，VIL＞5 kg/m²。

（2）从卫星云图来分析，飞机催化播撒区域的云顶亮温一般为－30～－35℃，反演云参数云顶高度＞8 km，云顶温度＜－30℃，云的有效粒子半径＞15 μm，光学厚度＞17。

（3）从中尺度云参数化数值模式来看，播撒区域上风方有充足的水汽和水凝物含量输送，0℃附近有微弱的上升气流，0～－10℃之间的冰晶浓度很小，整层冰晶浓度为 1～10 个/L，自然冰晶偏少。

（4）飞机催化播撒后，催化云体的雷达回波统计特征有明显的变化，而对比区的雷达回波特征却没有明显变化；积层混合云中的对流云团在催化的影响下，有合并的趋势。

（5）作业影响区在飞机催化播撒 6 小时之内，地面雨量有较为明显的两个峰值区，基本对应两次催化播撒，而对比区地面雨量变化不大。作业影响区 6 小时降水为 3.54 mm，对比区为 2.57 mm，两者相差约为 0.97 mm。

参考文献

[1] 周毓荃，欧建军. 利用探空数据分析云垂直结构的方法及其应用研究，气象，2010，36(11)：50-58.

[2] 林长城，陈彬彬，隋平等. 闽西北地区降水回波特征和人工增雨作业条件分析，气象科技，2011，39(6)：697-702.

[3] 孙鸿娉，李培仁，王功娃等. 陕西省人工增雨天气条件研究，气候与环境研究，2012，17(6)：903-910.

[4] 徐小红，余兴，朱延年等. 卫星遥感人工增雨作业条件Ⅰ：对流云，气候与环境研究，2012，17(6)：747-757.

基于 CPAS 人工影响天气决策系统的
一次飞机增雨个例分析

周　盛[1]　樊志超[1]　彭　月[2]

1. 湖南省人影办,长沙 410118;2. 长沙市气象局,长沙 410205

摘　要　利用中国气象局人影中心下发的 CPAS 人影决策系统分析 2013 年 8 月 13 日的一次飞机增雨过程,分析结果表明:2013 年 8 月 13 日的增雨过程是典型的台风外围对流云增雨;CPAS 人影决策系统为这次抗旱服务提供有力的技术支撑;CPAS 系统的 L 波段探空分析,云层分析和观测基本一致,通过 0℃ 层能够大致确定对流云的性质,0、−10、−20℃ 三个高度层随时间演变的分析,能够大致估计冷层厚度的变化,潜在估计过冷水的变化;通过云顶温度的可播性指标大致划定可播区域,沿着可播区域播撒后,气流前方普遍都有降水,且在气流前方处形成了云顶温度的带状低值区,对这个带状低值区的形成今后还需要更多个例来讨论。

关键词：CPAS 人影决策系统,L 波段探空,飞行计划,可播性指标

1　引言

多年外场人工增雨作业实践证明,认真做好作业天气条件的研究、分析,较准确地判断天气系统产生的降水范围、强度、持续时间以及主要降水区域,是制定作业飞行方案的依据[1]。这需要不断地分析和总结各种类型影响天气系统的增雨个例。

2013 年 8 月 13 日的飞机作业过程(以下简称"2013.08.13"飞机增雨)有三个典型特征:第一,由人影中心主持开发的 CPAS 人影决策系统首次在湖南应用;第二,截止到作业前一天,湖南旱情严重,72.2% 的县市达重旱等级以上,40% 的县市达到特旱等级;第三,这是一次典型的台风外围云系飞机增雨作业。CPAS 人影决策系统首次在湖南使用,使用效果需要检验;这次飞机增雨作业使区域的旱情得到了缓解,作业成功的经验需要总结分析。基于上述目的,进行这次个例分析。

2　CPAS 系统介绍

CPAS 人影决策系统是今年 8 月份从中国气象局人影中心移植过来的,它具有以下功能:提供气象信息的快速展示、云物理资料可视化展示、卫星数据合成、资料综合分析、产品制作、潜势分析、作业条件识别、决策指挥、效果分析等功能,实现了云降水遥感监测信息精细分析、人影作业分析、决策与指挥、效果评估的人影业务专业化决策。该系统原理:基于 GIS 技术、遥感技术、数值分析技术、云物理技术、图像技术、计算机技术、数据库等技术、AuroView 地理信息系统等,采用组件技术和插件机制进行系统的研制开发。将应用封装在一个或几个 COM 组件中,通过表现层向外提供服务。通过这样的处理,系统在功能表现上实现了最大的灵活性

和稳定性[2]。

3 "2013.08.13"飞机增雨作业情况介绍

　　截止到8月12日,全省大部分地区仍以连晴天气为主,据8月12日的干旱监测情况来看,全省共94县市(占96.9%)出现气象干旱,其中70县市(占72.2%)达重旱等级以上,39县市(占40.2%)达特旱等级。特旱区主要位于邵阳、怀化、衡阳、娄底及郴州北部。由于台风系统是从湘东南向西北方向影响我省,因此飞行计划在湘东半部,实际飞行时间从18:00开始到19:38分结束,飞行轨迹如图1所示。

图1　2013年8月13日飞机增雨过程飞行轨迹图

4 "2013.08.13"飞机增雨个例分析

4.1 环流背景及影响系统

　　从图2形势图看,亚洲大陆中高纬两槽一脊形势,中国大部分地区为副热带高压控制,副热带高压主体已断裂为两部分,一部分主体在海上控制华东部分地区,另外一部分主体在青藏高原控制西藏、青海、四川等地区。11号超强台风"尤特"穿过菲律宾群岛进入中国南海区域并继续向西北方向移动。湖南湘东地区仍为副高控制,副高西脊点在长沙略偏西位置,其他地区在副高边缘,湘南在台风外围。

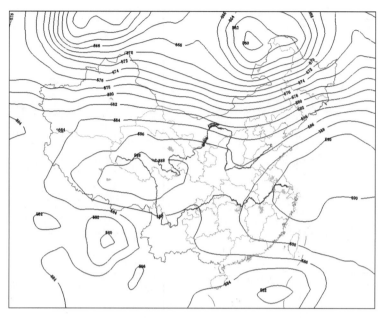

图 2　2013 年 8 月 13 日 08 时 500 hPa 形势图
（时间为北京时间，下同）

4.2　L 波段探空资料分析

　　CPAS 人影决策系统 L 波段探空分析采用相对湿度阈值法作为分析方法。从云微物理学的角度看，在液滴云雾中相对湿度应该接近于 100%，而在冰云或冰水混合云中相对湿度可在水面到冰面饱和之间，所以采用相对湿度的探测值来确定云的垂直结构有一定理论基础。相对湿度以 84%～87% 作为阈值判断云层[3]。

　　探空分析选取离作业区域较近的长沙、郴州探空站，分析时段选择作业前 12 日 20 时、13日 08 时两个时次和作业后 13 日 20 时一个时次。飞机于 13 日 18 时在长沙起飞，19 时前后在郴州、株洲、衡阳上空播撒，13 日 20 时离播撒时间最为接近，此时，长沙、郴州 L 波段探空显示 0℃ 层高度在 5001 m 和 4848 m 左右（图 3c 和图 3f），飞机播撒高度在 5300～5400 m 之间，播撒高度距离 0℃ 层高度 300～550 m，在这个范围内过冷水含量随距 0℃ 层高度增加而增大，600 m 之上则随距 0℃ 层高度增加迅速减少[4]。播撒区云温在 0～−10℃ 之间，此区间存在一个过饱和比湿值较大的区域，催化后增雨效果较好[5]。

　　图 3 中垂直虚线是相对湿度 84% 的等值线，根据相对湿度阈值法，相对湿度大于 84% 为云层，为图中标注绿色区域。根据相对湿度阈值法，分析长沙探空资料（图 3a、图 3b、图 3c），12日 20 时、13 日 08 时、13 日 20 时三个时次均无云，实况观测 12 日 20 时、13 日 08 时无云，13日 20 时有高云为密卷云，这三个时次均不利于播散作业；分析郴州探空资料，12 日 20 时（图3d）云层分为三层，分别在 2 km（低云）、4 km（中云）、9 km（高云）高度附近，实况观测为透光高积云（中低云），13 日 08 时（图 3e）云层在 10 km 以上（高云），实况观测为密卷云（高云），这两个时次也不利于播撒作业，而 13 日 20 时（图 3f）分析显示 4 km 以上均为云层，为中高云系，由积云演变而来云层较厚，此时实况观测为层积云（中云），分析结果显示播散作业条件良好。

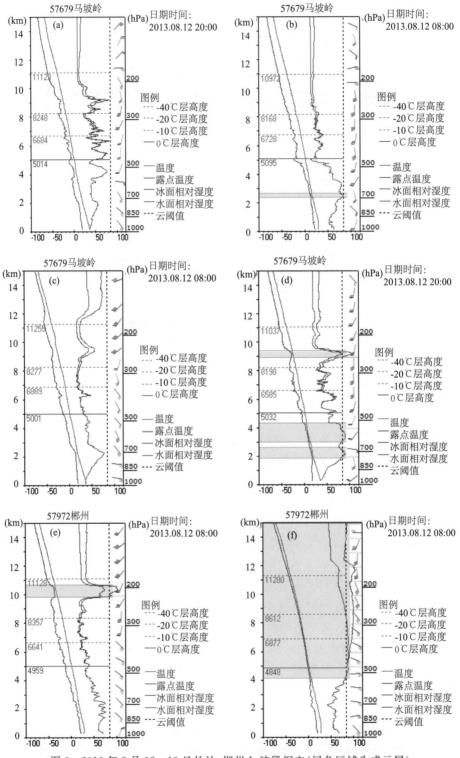

图 3　2013 年 8 月 12—13 日长沙、郴州 L 波段探空(绿色区域为成云层)

(a)12 日 20 时长沙探空；(b)13 日 08 时长沙探空；(c)13 日 20 时长沙探空

(d)12 日 20 时郴州探空；(e)13 日 08 时郴州探空；(f)13 日 20 时郴州探空

综合长沙、郴州各时次的相对湿度阈值法云分析结果与实况观测云系基本一致,说明利用相对湿度阈值法分析云层在湖南地区有相当的准确性,且分析结果可以为播散作业提供有力的指导。

另外,从 0℃、−10℃、−20℃ 层高度随时间的演变情况看,0℃ 层高度降低,−10℃ 和 −20℃ 层高度升高,过冷层厚度增加,过冷水含量与过冷层厚度为正相关(刘健等,2004)。过冷水含量增加,有利于播撒。

4.3　卫星资料分析

中国飞机人工增雨(雪)作业业务规范给出云顶温度的可播性指标为 −4～−24℃,只有对符合播云指标的云层作业才有增雨效果[6]。对北方层状冷云,这个指标比较合适,而对南方对流云,实际播撒云顶温度要低很多。Baum[7] 指出,有些过冷水的云顶亮温可以低至 −40℃。为不丧失作业机会,我们将作业云层的云顶亮温范围扩大至 −40℃。

选取的四个时次 17、18、19、20 时是影响湖南的台风外围对流云系发展最旺盛的时刻。从图 4 中可以看到,17 时衡阳、郴州及永州北部,株洲中部及南部云顶亮温 −4～−40℃ 之间,适合播撒,17 时以后,随着台风西北方向移动,台风影响湖南区域扩大,适宜播撒区也有所扩

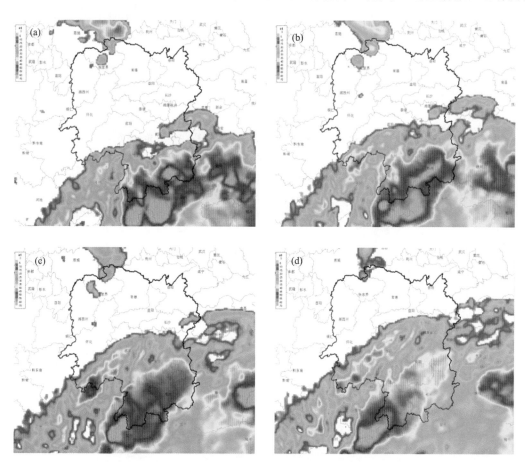

图 4　2013 年 8 月 13 日风云 2 红外卫星云图分析
(a)17 时;(b)18 时;(c)19 时;(d)20 时

大，永州、郴州北部、湘中一线大部分地区都变为适宜播撒区。播撒之后，在怀化、邵阳、娄底一线有一个带状中心，云顶温度在 -40℃以下，观察 19—20 时小时雨量，带状中心区域普遍在 1 mm 以上，其他怀化、邵阳、衡阳、永州、郴州、株洲南部都有降水，永州为降水中心，最大雨量 10 mm 以上。

5 结论和讨论

利用 CPAS 系统平台中的 L 波段探空和风云 2 卫星资料分析 2013 年 8 月 13 日的台风外围飞机增雨过程，结论如下。

（1）CPAS 人影决策系统界面友好，操作方便，为此次过程的抗旱服务提供了实质性的技术支持；

（2）通过分析 CPAS 系统的 L 波段探空资料，发现云层分析和观测基本一致，具备直观显示云垂直结构的能力，并且能够给出飞机作业及其需要的 0、-10、-20℃ 层的高度信息，0℃ 层的分析能够大致确定对流云的性质（冷云和暖云），0、-10、-20℃ 三个高度层随时间演变的综合分析，大致确定冷层的厚度以及降水的可能性，潜在估计过冷水的变化；

（3）通过别人研究给出的云顶温度的可播性指标可以大致划定可播区域，沿着可播区域播撒后，气流前方普遍都有降水，且在气流前方处形成了云顶温度的带状低值区。这个带状低值区的形成后面还需要更多个例来讨论。

参考文献

[1] 游来光.马培民.胡志晋.北方层状云人工降水实验研究.气象科技,2002,30:19-62.
[2] 周毓荃.陈英英.何小东.基于遥感反演的云降水精细分析技术研究及综合分析.第 26 界中国气象学会年会灾害天气事件的预警、预报及防灾减灾分会场论文集,2009.
[3] 周毓荃.欧建军.利用探空数据分析云垂直结构的方法及其应用研究.气象,2010,36(11):50-58.
[4] 孙鸿娉.李培仁.闫世明.华北层状冷水降水微物理特征及人工增雨可播性研究.气象,2011,37(10):1252-1261.
[5] 高茜.王广河.史月琴.华北层状云系人工增雨个例数值研究.气象,2011,37(10):1241-1251.
[6] 刘文.用极轨气象卫星资料分析飞机增雨云层条件.气象科技,2005,33(1):81-86.
[7] Baum B A, Soulen P F, Strabala K I, et al. Remote sensing of cloud properties using MODIS airborne simulator imagery during success, II Cloud thermodynamic phase. J. Geo. Res., 2000, 105 (D9): 11781-11792.

2013 年随州市人工增雨抗旱服务技术总结

王莉萍

湖北省随州市气象局,湖北随州 441300

摘 要 人工影响天气作为重要的防灾减灾手段,在防御和减轻气象灾害中发挥着越来越重要的作用。本文总结了 2013 年湖北省随州市人工增雨作业情况,重点介绍了 8 月 22～24 日人工增雨的天气条件、作业方案的设计,以及增雨效果,旨在为随州人影业务积累经验。

关键词:增雨,抗旱服务,总结

1 引言

随州地处湖北省北部,素有"鄂北门户"之称。全市总人口 258 万,版图面积 9636 km²。随州地处桐柏山及与大别山交汇处的南麓,长江与淮河流域的分水岭,为山地、丘陵、河谷小平原过渡带,百川出境,无客水通过。地质结构不利于土壤保墒:北部为变质片岩、片麻岩、花岗岩,中部为红色沙砾岩,南部为片岩、片麻岩、凝岩;地表土层瘠薄(随北尤为突出),下雨易起泾流,雨停地干,含水极差。年平均降水量 976.8 mm。干旱、季节性干旱年年发生,人畜饮水和工农业用水十分困难,水已成为随州经济发展的瓶颈。自 2010 年 7 月份以来,随州市遭受了持续 4 年的干旱。2012 年为有水文和气象记录以来,降雨量最少、蓄水量最少和旱情最严重的一年。2013 年该市降水量仍偏少,前期库塘蓄水严重不足,加之 7 月 23—8 月 18 日晴热高温天气,使干旱更加严重。2013 年 8 月 2 日,随州市再次启动干旱Ⅲ级应急响应,实施人工增雨作业,不仅是抗旱救灾的有效手段,也是开发空中云水资源、缓解水资源不足的必要举措。2011—2013 年随州市各级人影办积极开展人工增雨作业,在减轻旱灾造成的损失中发挥了重要的作用。本文总结了 2013 年随州市人工增雨作业情况,重点分析了 2013 年 8 月 22—24 日人工增雨作业条件、作业方案,以及增雨作业效果,以期为今后的人影作业积累更多经验。

2 旱情

据随州市防汛抗旱指挥部统计,截止到 8 月 22 日,全市各类水利设施蓄水 4.51 亿 m³(其中:有效蓄水 2.47 亿 m³),比去年同期多 9%,比多年同期少 58%。全市农作物受旱面积 184.78 万亩(重旱 78.99 万亩),占在田农作物总面积的 73.7%。44.68 万人存在饮水困难,6.11 万头大牲畜存在饮水困难。河流断流 382 条,占总数 466 条的 82%。接近死水位以及死水位以下的水库 491 座,占水库总数 699 座的 70%。74 座小型水库干涸,占水库总数的 10.6%。堰塘干涸 8.6 万口,占总数 16.78 万口的 51%。

　　截止到8月22日全市35℃以上高温日数达36 d(平均为15 d,最多为1959年45 d);37℃以上高温日数达16 d(平均为4 d,最多1959年21 d)。统计表明2013年是1960年以来最热的一个夏天,主要特点是连续高温日数多,8月7日至18日连续12 d高温达37℃以上,为历史同期最多,极端高温达40.3℃。

3　2013年人影作业概况

　　2013年3—9月随州市市县两级人影办在全市17个乡镇组织开展人工增雨作业15轮,46次,发射炮弹193发,火箭弹123枚,取得了明显的经济效益和社会效益。

　　特别是4月28—30日,出动火箭发射架4具,在随县洪山、三里岗,广水李店、骆店开展作业,共发射9枚增雨火箭。全市普降中雨,超过20 mm的雨量站有11个,作业影响区下了大雨,雨量超过30 mm,增雨效果明显。增加了土壤墒情,在一定程度上缓解了旱情。5月6—8日,出动火箭发射架4具,在随县唐镇、环潭,曾都何店,广水李店开展作业,共发射5枚增雨火箭。8日早上8时,全市大部累计雨量在20～30 mm,雨量超过50 mm的乡镇有4个。很大程度上缓解了旱情。5月25—26日,出动火箭发射架4具,高炮1门,在随县吴山、唐镇,曾都何店,广水骆店、余店开展作业,共发射11枚增雨火箭弹、38发高炮弹。此次天气过程全市普降暴雨,局部大暴雨。全市64个自动站雨量50 mm以下只有2站,100 mm以上有19站。人工增雨影响区比对比区雨量明显增大。彻底解决了全市中稻移栽用水压力,增加了库塘蓄水。6月23—25日,出动火箭发射架3具,高炮1门,在随县吴山镇,曾都何店,广水骆店、余店开展作业,共发射8枚增雨火箭弹,30发高炮弹。全市普降大雨,其中随县北部地区、广水东南部地区出现了暴雨,局部大暴雨,作业效果明显。7月16—22日,全市多局地雷阵雨天气,出动火箭发射架4具、高炮1门。在尚市、吴山、洪山、唐镇、余店、骆店开展作业,发射高炮弹40发,火箭弹25枚。累积雨量超过50 mm的站点有55个,其中有28个超过100 mm。8月22—24日,出动火箭发射架4具、高炮1门。在吴山、洪山、三里岗、余店、骆店开展增雨作业,发射火箭弹55枚,高炮弹65发。作业效果非常明显。大部出现中到大雨,局部暴雨。

4　典型服务个例

　　2013年8月23—24日,受台风"潭美"倒槽和地面弱冷空气共同影响,随州市出现了一次暴雨、局部大暴雨的天气过程,过程主要降水时段为23日08时～24日08时。在主要降水时段内全市64个自动雨量站,降水量超过50 mm的有39站,其中超过100 mm的有7站(见图1)。

　　针对这次降水过程,随州市人影办抓住有利时机,开展了积极有效的人工增雨作业,23—24日各作业小分队依托随州市新一代天气雷达监测结果,抓住有利时机,开展了多轮次作业,共发射人工增雨火箭弹55枚,高炮弹65发,取得了明显的增雨效果。具体作业点位置和作业情况见表1。

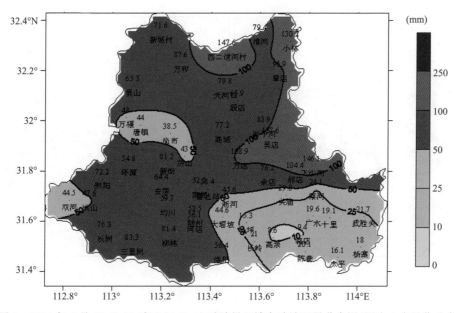

图 1　2013 年 8 月 23 日 08 时至 24 日 08 时随州区域自动站雨量分布图(图中△表示作业点)

表 1　2013 年 8 月 23—24 日随州市人工增雨作业情况统计结果

作业点	火箭弹量(枚)	高炮弹(发)	雨量(mm)	对比区雨量(mm)	增雨量(mm)
吴山		65	65.3	51.2	14.1
洪山	14		47.6	40.5	7.1
三里岗	12		83.3	68.5	14.8
余店	19		76.2	62.2	14.0
骆店	10		38.1	32.5	5.6

4.1　作业条件分析

　　8 月 22 日 500 hPa 天气图上,东亚为两槽一脊型,"潭美"台风低压中心在江西中部,随州地区处在台风倒槽北部的偏东气流中。22 日 20 时(见图 2),西太平洋副热带高压强盛,西伸脊点位于甘肃—青海,"潭美"台风低压中心位于安徽东南部—江西中部,随州处于倒槽槽前东北与东南气流的辐合气流中,有利于降水的发生。23 日 08 时受"潭美"台风低压的西移,副高减弱东撤,588 dagpm 线位于东部沿海,随州地区处于低槽前辐合气流中。

　　700 hPa、850 hPa 随州均处在台风低压倒槽中,切变线明显,上下层配置好,有利于强降水的形成。

　　地面:从 8 月 22 日开始地面不断有冷空气渗透南下,并侵入到台风暖倒槽中。

　　总之,此次强降水天气过程是地面弱冷空气渗透到深厚的台风倒槽中引发的,是一次比较典型的台风倒槽暴雨形势,高低层系统配置十分有利:500 hPa、700 hPa 以及 850 hPa 台风低压中心位置一致,随州位于台风低压中心北部倒槽槽前,同时低层偏东风急流显著,随州位于急流左前方,为降水提供充足的水汽,且整层为一致上升气流,为降水提供良好的动力条件。

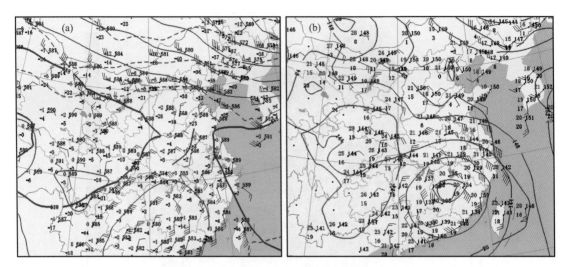

图 2　2013 年 8 月 22 日 20 时 500 hPa(a)、700 hPa(b)天气图

4.2　增雨作业方案设计

8 月 22 日上午,根据气象台最新气象资料分析,8 月 23 日受 12 号台风"潭美"外围云系影响,随州市将迎来一次难得的降水天气过程。随州市气象局立即召开专题会议,安排部署人工增雨工作。根据气象台的天气形势分析和各乡镇抗旱需求,安排火箭发射架 4 具、高炮 1 门,分别驻守随县的吴山、洪山、三里岗,广水市的余店、骆店 5 个乡镇,火箭作业队还可以根据雷达回波发展情况兼顾周边乡镇的增雨工作。22 日下午 5 个作业小分队进入作业阵地,严密监视天气变化,等待时机。

4.3　雷达回波特征

整个增雨作业期间,随州市新一代天气雷达进行了不间断的监测。各人影作业炮点依据雷达监测产品,及时申请空域,共开展了 19 次增雨作业。

8 月 22 日 21 时 22 分开始,由孝感大悟方向有弱回波西移逐步影响广水、随县,但该回波较弱,零散,并在西移过程中逐步减弱,于 23 日 02 时 28 分逐步消失。05 时 24 分开始,河南信阳有新的回波生成,向西南方向移动,影响广水,07 时 08 分靠近余店炮点的回波发展到30 dBZ,回波顶高 9 km,余店炮点率先申请作业,发射火箭弹 6 枚,作业后(见图 3a)回波强度加强至 35 dBZ,中心强度 40 dBZ,回波顶高 11 km。

8 月 23 日 08 时 09 分,三里岗附近回波加强,炮点附近回波 30 dBZ,回波顶高达 6 km,炮点东边有大片回波西移,三里岗炮点申请空域,发射火箭弹 5 枚,作业后(见图 3b),回波强度35 dBZ,中心强度 40 dBZ,回波顶高达 9km。

总之,自 23 日 07 时开始,不断有回波西移影响随州,为混合云降水回波,直到 24 日 07 时40 分,回波移出随州,随州境内降水停止。通过作业前后回波强度的对比,可以看出,增雨作业是有效的。

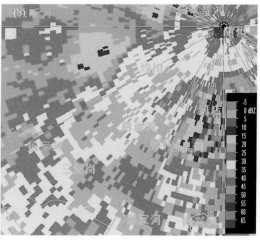

图 3　8 月 23 日 07 时 14 分(a)、08 时 21 分(b)基本反射率图

4.4　作业效果分析

当前人工增雨作业效果评价技术仍是世界性的难题,迄今为止还没有统一规范的评价方法,省内外专家学者做了大量研究[1~4],本文采用"区域对比试验"方法[2]估算增雨经济效益 S_C(见下面)对 2013 年 8 月 23—24 日在随州市内随县、广水实施的抗旱为目的的人工增雨作业进行效果评估。

"区域对比试验"方法是在所开展人工增雨作业的区域选择两个相似的区域,一个为影响区,另一个为对比区,其中对比区不受影响区作业的影响。同时假定作业期间自然雨量的空间分布在统计上是均匀的,所以用同期的对比区雨量作为影响区自然雨量的估计值,再与影响区的真实雨量进行比较分析,两区的雨量差值即是人工增雨作业的效果。

作业影响面积根据作业炮点布局及高炮(火箭)有效控制范围而定。高炮或火箭有效控制半径为 3.5 km。一个作业点的有效影响面积约为

$$A_S = 3.14 \times 3500 \times 3500 = 38465000 (\mathrm{m}^2)$$

本文以随县吴山、洪山、三里岗和广水的余店、骆店的控制流域面积作为影响区(下同),另外在影响区的上风方(即在影响区的东侧)选取一个面积相当的对比区,影响区和对比区的雨量来自随州区域自动雨量站,对人工增雨作业的增雨量进行估算。

用于增雨效果估算的公式如下:

$$S_C = R_Z \cdot A_S \cdot C$$

其中: S_C 为增雨经济效益, R_Z 为人工增雨作业后影响区增雨量, A_S 为作业影响区面积, C 为每吨水的价格。

作业影响区增雨质量

$$M = \rho(R_Z/1000)A_S = 1 \times 10^3 \times (R_Z/1000) \cdot A_S = R_Z \times A_S$$

M 为增雨质量, ρ 为水的密度

若以 0.002 元/kg 来计算,本次增雨作业增加地表水经济效益为:

$$S_C = (14.1 + 7.1 + 14.8 + 14.0 + 5.6) \times 38465000 \times 0.002 = 4277308 (元)$$

5　结论和讨论

(1)针对连续的干旱,随州市各级人影办开展了全方位的气象服务,及时组织人工增雨作业。最大限度地减小旱灾造成的损失。

(2)2013 年 8 月 23—24 日降水过程随州处在台风外围偏东气流中,中低层处在切变线附近,地面有冷空气侵入,天气系统配置有利于降水发生发展,具备较好的人工增雨作业条件。

(3)随州市是干旱频发地区之一,人工增雨是抗旱减灾的有效措施,本文只是对 2013 年随州市人工增雨工作做了最简单的技术总结,如何制定最佳的增雨作业方案、把握最佳作业时机、作业发射方位及炮弹量、开展更为精准的增雨作业效益评估,这些问题有待于今后工作中做进一步研究和探讨,进一步提升人影作业能力,逐步完善人工增雨效益评估工作。

参考文献

[1] 薛晓萍,陈文选,陈延玲.山东主要农作物人工增雨效益评估[J].南京气象学院学报,1999,22(2): 255-259.

[2] 张春红,杨仕贤,全文伟.新安县人工增雨效益评估办法[J].气象与环境科学,2007,30(增刊):151-153.

[3] 池再香,张普宇,宗德华等.贵州西部烤烟移栽期人工增雨的效益评估[J].中国农业气象,2010,31(3): 416-422.

[4] 余芳,刘东升,何奇瑾等.2009 年飞机人工增雨作业抗春旱效益评估[J].高原山地气象研究,2010,30(1): 72-75.

2013 年广东春季飞机增雨抗旱服务典型个例技术总结[*]

高建秋　游积平　赵　博　林俊君

广东省人工影响天气中心，广州 510080

摘　要　2013 年春季，广东省旱情较为明显，飞机人工增雨作业及时开展，本文介绍了 3 月 13 日的飞机增雨抗旱服务个例。分析了作业需求、作业条件；详述了作业过程。分别用全省雨量分布图和航线上的雷达 RHI 图变化作为物理依据证明了飞机催化作业的明显效果，最后利用广东新一代人影作业指挥系统上的效果评估模块计算此次作业的增水量为 791.4 万 t。

关键词：大气物理，春季抗旱，人工增雨

1　作业需求分析

图 1 是根据 2013 年 3 月 12 日的观测资料绘制的全省干旱图，显示：全省干旱面积总和已达 91.8%，其中中旱面积达 9.8 万 km^2，占全省总面积 54.5%，重旱面积达 2.67 万 km^2，占全省总面积的 14.8%，特旱面积达 447 km^2，占全省总面积的 0.2%。春季正是农业用水高峰期，1—3 月份，全省各地降水偏少 7～8 成，此时江河水库水位都极低，缺水严重，对人工增雨作业存在迫切需求。

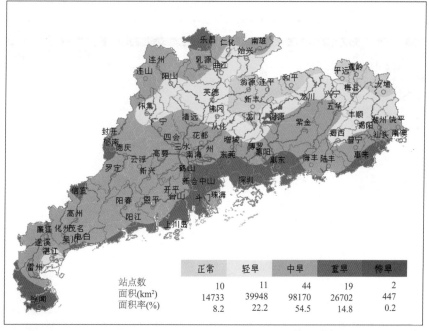

	正常	轻旱	中旱	重旱	特旱
站点数	10	11	44	19	2
面积(km²)	14733	39948	98170	26702	447
面积率(%)	8.2	22.2	54.5	14.8	0.2

图 1　2013 年 3 月 13 日广东省气象干旱分布图

[*] 资助项目：广东省气象局科学技术研究项目(2012B24)

作者简介：高建秋，女，汉族，1981 年生，硕士，工程师，主要从事云降水物理和人工影响天气研究工作，Email：gjq362@163.com

2　作业条件分析

　　3 月 13 日 11 时省台发布的天气形势分析:500 hPa 位于中南半岛的南支槽继续东移,我省前期受西风槽影响,后期受槽后西北流场覆盖;850 hPa 位于湖南中南部的切变线继续南压到南岭一带并趋于减弱消失;北方弱冷空气即将进入粤北地区并继续南压影响全省,短期内我省受弱冷空气影响后期我省地面受逐日减弱的高压脊控制。24 h 内有人工增雨作业机会,但预计降水量较小。

3　作业过程

　　作业时间:2013 年 3 月 13 日 9:45—11:00,作业区域:6 区,(肇庆、云浮、清远)。作业航迹见图 2,受飞行安全和空域管制等方面限制,飞行航线只能尽量靠近回波中心区域,做不到完全与强回波云带吻合,只能依靠风的扩散作用将催化剂输入云系强盛发展区域。这是目前我省实际飞机播云作业中科学性与现实安全考虑的最大冲突,这一点严重影响了作业效果,却难以突破。作业飞机携带 10 根碘化银烟条,以每次点燃两根(左右各一根)烟条的催化剂量进行播云作业,催化高度为云顶高度 5000 m 左右,温度在 −12℃ 左右,正好位于播云温度窗内[1],符合碘化银的应用条件。

图 2　2013 年 3 月 13 日飞机作业实时航迹叠加雷达回波图

4 作业效果分析

4.1 播云催化作用物理依据

图 3 为作业开始至作业后 6 小时内全省的降水量分布图,5006 为作业区,该降水系统移动方向是自西向东偏南方向移动,因此 5003,5004 区为作业影响区。图 3 表明作业影响区内的降水量达到 10～15 mm,较未催化的 5005 区降水量明显偏大,直观显示播云催化有一定作用。图 4 为作业后飞行航线上雷达 RHI 实时变化图,表明催化作业后 2 h 内,航线上的云系有所发展,回波面积、回波强度都呈较大程度增加,为播云催化作用提供了物理依据[2~4]。图 4 共包含 6 幅小图,分别对应:10:24、10:54、11:18、11:30、11:42、12:00 时间飞行航线上雷达回波垂直方向上的变化。从图 4 可以看到飞机飞行时间对应的具体经纬度。第 1 幅小图,10:24 h,飞机飞过的位置刚好从云中穿过,飞行高度在 5000 m 以上,在雷达回波的绿色到蓝色区域之间,这时云系垂直发展比较旺盛,雷达回波最高点已经接近 15 km,从之前的图 2 中,我们也可以看到这次的作业云系局部发展比较旺盛,属典型的积层混合云降水。第 2 幅小图,10:54 时,飞机催化作业已经接近尾声,飞机回到佛山机场区域,11:00 飞机降落到佛山机场。这幅图上可以看到之前飞过的航线上回波宽度明显变大,回波强度也从之前的蓝色、绿色变成了黄色和橙色,说明对云系实施催化作业后半小时内云系发生了迅速的成长,云内大滴极速增长,数量增加。后面 4 幅小图都是飞机作业后航线上的雷达回波的变化,总的表明,飞机催化作业时有回波的地方,云系迅速发展;飞机催化作业时没有明显回波的地方,催化作业后沿飞行航线也有一些较弱的回波生成。

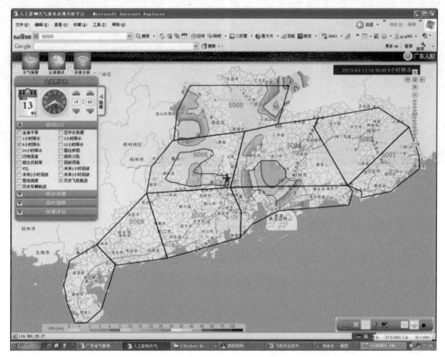

图 3   2013 年 3 月 13 日 10:40—16:40 广东省降水分布

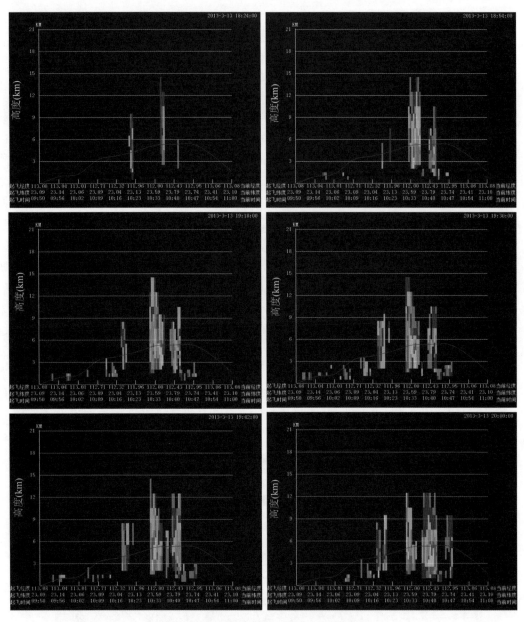

图 4　作业后飞行航线上雷达 RHI 图变化

4.2　影响区域内实际降水量计算

表 1 是广东省指挥系统[5]效果评估模块计算得到的结果。其核心计算方法是利用航迹图形根据系统移向、系统移速和影响时效平移得到影响区面积,再结合影响时效内的区域自动站降水量资料计算得到平均雨量和总降水量,上报作业增雨量的结果一般是以总降水量×12%[1](国际公认的人工增雨作业效率)得到。

影响区面积的计算是利用航迹的最大和最小经纬度框出飞机作业的区域(紫色矩形框),然后根据对话框中输入的系统移向、系统移速和影响时效进行平移,平移的距离 $s＝vt$,v 是系统移速,由效果评估人员根据雷达回波的实际移动情况,人为判定。t 是影响时效,一般统一取 12 h。系统移向也是由效果评估人员根据雷达回波的实际移动方向,人为判定,本次过程,系统移向取为 300°。指挥系统后台程序会根据人为输入的信息,划定如图 5 黄色阴影区为作业影响区域并计算面积,然后利用区域自动站雨量资料计算影响区内的平均雨量,从而得到影响区内的总降水量。图 5 仅为示意图,目前系统尚未输出影响区域图。

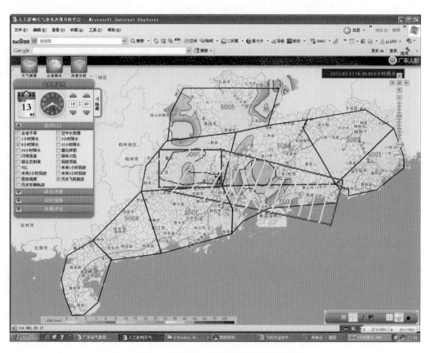

图 5　飞机作业影响区域示意图

表 1　2013 年 3 月 13 日 9:45 作业效果分析表

作业编号	时效(h)	风向(°)	风速(m/s)	平均雨量(mm)	降水面积(km²)	总降水量(10 kt)
2	12	300	10	5.88	11215.7	6594.83

总增雨量为 6595×10 kt×12‰=791.4 万 t。

5　小结

2013 年 3 月 13 日的飞机人工增雨抗旱作业在广东省干旱的气候背景下抓住了一次有利天气条件,成功实施人工播云催化,使作业影响区内最高雨量达 15 mm,平均雨量达 5.88 mm,高于气象台降水量较小的预估。全省雨量分布图和航线上的雷达 RHI 图的变化都证明了飞机催化作业的明显效果,依据我省作业指挥系统的估算,本次过程总增雨量为 791.4 万 t。

我省具备人影作业科学指挥的能力,新的指挥系统[5]在作业预警、天气监测、实时决策、效果评估方面都有较大的改善,能够综合运用现代化的探测资料,雷达、GPS/Me、区域自动站、探空等资料都被融合其中,作业飞机与地面指挥中心的实时联系功能完善,作业航迹实时下传,作业过程监测功能完备。主观方面,我们力求做到人影催化作业的科学性,但由于飞行空域及安全管制等各方面客观因素影响往往使飞机催化作业的科学性降低,作业效率也随之降低,以而给开展科学的效果评估增加了难度。另外,对人工增雨作业催化剂量的使用,仍存在盲目性,应加强降水云中自然冰晶粒子浓度的研究。

参考文献

[1] 李大山,章澄昌,许焕斌,等.人工影响天气现状与展望.北京:气象出版社,2002.

[2] 唐仁茂,向玉春,叶建元,等.多种探测资料在人工增雨作业效果物理检验中的应用.气象,2009,**35**(8):70-75.

[3] 刘晴,姚展予.机增雨作业物理检验方法探究及个例分析.气象,2013,**39**(10):1359-1368.

[4] 张瑞波,刘丽君,钟小英,等.利用新一代天气雷达资料分析飞机人工增雨作业效果.气象,2012,**36**(2):70-75.

[5] 游积平,林镇国,高建秋,等.基于 XML 技术构建广东省人工增雨指挥系统.广东气象,2013,**35**(6):65-69.

云南 2013 年 5 月 4 日飞机增雨作业过程及效果分析

孙　玲　张腾飞　金文杰　尹丽云　李　辰

（云南省人工影响天气中心，昆明　650034）

摘　要　基于多普勒天气雷达、气象卫星、气象常规观测等资料，分析了 2013 年 5 月 4 日云南一次飞机增雨作业过程，其中利用聚类分析法对云南降水时间变化进行客观分区，增强飞机增雨作业效果检验的客观性。结果表明，有利的天气形势和气象条件可为飞机增雨作业和选择作业时机提供重要依据；与北方地区有所不同，云南降水系统常伴随对流性天气，飞机作业时可依据雷达回波和云系变化提前进行催化或绕行作业；在降水时间变化的相同分区内确定作业影响区和对比区后进行增雨效果对比分析，可提高增雨效果检验的科学性。此次飞机增雨作业过程中，作业区及下风方影响区回波强度增强、面积扩大、云体变宽；增雨作业后，作业影响区降水明显增加。

关键词：飞机增雨，作业效果，云南

1　引言

云南地理环境特殊，地势地形复杂，气候类型多样。云南气候存在明显的季节性、地区性差异，历年气候变化显著。自 2009 年起，云南出现了多年连年干旱。干旱已经成为制约云南经济社会发展的严重不利因素之一。面对严峻的干旱形势，各州、市人工影响天气机构常年利用高炮、火箭等进行人工增雨、防雹作业。云南省人工影响天气中心在 2013 年 3 月正式启动了飞机增雨常态化业务，适时开展飞机增雨作业。飞机增雨是一个复杂的系统工程，作业中需要多部门的配合联动，同时，在作业时机把握和作业效果上涉及到大气科学及相关学科领域。

国内一些省份开展飞机增雨作业多年，在系统建设、作业设计、效果评估等方面做了大量研究。游积平等[1]通过分析一次增雨过程明确了人工增雨作业的基本条件。杨敏等[2]通过一次个例分析得到了适合河南春季增雨的条件。杜毓龙等[3]通过对 2002 年 9 月 13 日飞机增雨作业的典型天气个例分析，探讨了飞机增雨作业需要的有利于层状云向降水转化的条件。刘晴等[4]根据 2009 年 5 月 1 日在河北张家口的一次积层混合云降水过程的飞机人工增雨作业探测资料，尝试了从不同高度上寻找对比区来进行作业效果的物理检验。田英等[5]分析了一次人工增雨作业试验，为今后人工增雨作业条件和作业时机的把握、作业组织实施积累了经验。

为促进云南地区飞机增雨作业的业务进展，本文利用天气图资料、雷达监测产品、卫星云图、雨量站资料等，分析 2013 年 5 月 4 日云南地区的一次飞机作业过程，同时应用聚类分析法辅助确定增雨作业影响区和对比区，以客观地检验人工增雨的效果。

作者简介：孙玲（1985—　），女，汉，贵州，硕士，助理工程师，从事人工影响天气工作，E-mail：sunling_zx@126.com

2　数据和方法

使用的数据包括：2013 年 5 月 4 日云南昆明、大理站的多普勒天气雷达监测资料、卫星云图、MICAPS 资料和相关气象站的雨量资料；1960—2012 年云南省 125 个站点的历年年降水量。

增雨作业的效果，常常受到地形和天气形势等各种因素差异的影响。为此，本文在确定作业区和对比区时，首先考虑剔除这些因素的较大干扰。聚类分析是对样品或变量进行分类的一种多元统计方法，目的在于将相似的事物归类。本文使用其中的层次聚类法，把众多气象站点作为变量，把 1960—2012 年 125 个站 20—20 时的历年年降水量作为样本，对变量进行分类，选用组间平均距离法来表示两个类别之间的距离。首先，剔除 1960 年起缺测的站点和缺测时间超过 3 a(占总年数的 5％以上)的站点，其他缺测使用插值法补缺，最终 105 个站点参与分类；然后，基于分类结果在地图上客观划分出降水量时间变化差异较大的多个区域，同一区域内降水量时间变化比较相似；最后，根据人工增雨实施情况，在某相同区域内选用相关站点的降水资料，来检验分析增雨作业区与对比区的降水差异，进而确定作业增雨效果。

3　天气形势

在 500 hPa 高度上，5 月 3 日 20 时青藏高原上空有明显的低值系统(图略)。至 5 月 4 日 08 时(图 1a)，青藏高原上的低值系统向东移动，其南部形成弱的南支槽，将印度洋的水汽源源不断地向云南输送，云南地区中部存在明显的风速辐合。700 hPa 高度上，5 月 3 日 08 时至 4 日 08 时云南地区风场辐合很好(图略)，伴随着印度洋上空的水汽向云南输送，云南地区形成了有利于降水的天气形势。此时，在四川南部有一明显的低涡系统，低涡切变南下，影响云南中部及以北地区。地面图上，4 日 08 时(图 1b)云南中东部地区辐合条件很好。

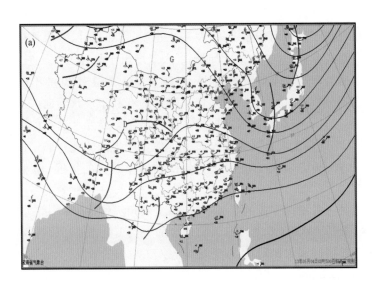

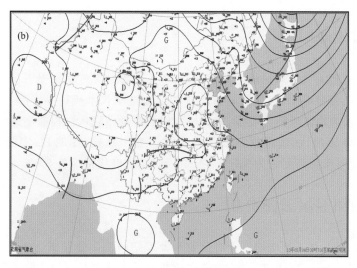

图 1 2013 年 5 月 4 日高度场和风场叠加图(高度单位:dagpm)
(a)500 hPa;(b)700 hPa

4 物理量分析

K 指数能够反映大气层结稳定情况,沙氏指数 SI 指数反映的是条件性稳定情况。从 2013 年 5 月 4 日的 K 指数场和 Si 指数场(图 2)可见,云南地区 K 指数从南向北递减,实际飞机作业区 K 指数值在 28~32 之间,有零星分散雷雨的可能;SI 指数除滇西南外云南其余各地均大于 0,从南向北呈现递增趋势,飞机作业区 SI 值在 0~4℃之间,表示有可能出现阵雨。分析认为,本次天气过程有不稳定能量产生,降雨的可能性比较大,但是不会有强对流性天气,比较适合进行飞机增雨作业。

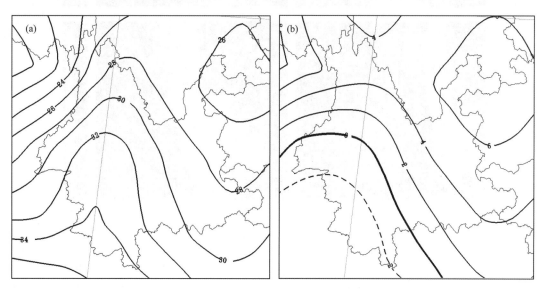

图 2 2013 年 5 月 4 日 08 时 K 指数场和 SI 指数场(单位:℃)
(a)K 指数;(b)SI 指数

5　飞机增雨作业

　　根据天气形势和大气物理量场的分析,云南省人工影响天气中心于当日 15 时决定在滇中及以西地区进行飞机增雨作业,具体航行轨迹初定为昆明长水机场—富民—大理—昌宁—易门—昆明。由于局地对流可能比较强,此次增雨作业选择在降水过程前期进行。但是,由于起飞后受到空军作业影响,随后根据回波条件及时改变了航线(图略)。实际作业时段为 16:42—19:03。作业时飞行高度约为 3 700～4 600 m,燃烧碘化银烟条 8 根。

6　雷达监测和卫星云图分析

　　图 3 为 2013 年 5 月 4 日增雨作业时昆明和大理站两部多普勒雷达组合反射率的变化情况,同时叠加了实时航线图(用直线代表)。作业期间云南地区高空均为西风(图略),飞机在作业时段飞行高度基本保持在 4000 m 左右,催化剂即播撒在此高度上,并跟随高空引导气流缓慢向东移动。

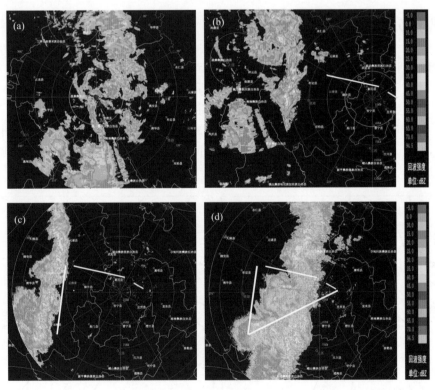

图 3　2013 年 5 月 4 日飞机增雨作业雷达回波图叠加航线(白实线为催化剂播撒路线)
(a)16:51;(b)17:24;(c)18:25;(d)20:16

　　由雷达回波组合反射率演变图可见,16:51 飞机刚起飞时,在大理东部和南部有大片回波,大致呈南北向分布。飞机起飞经过富民后开始作业,催化剂主要播撒在富民至牟定以北地区,并随引导气流向东扩散。17:24 回波向东发展过程中逐渐增强,在大姚、姚安和南华县区域形成带状回波,强中心在姚安以南,中心强度 30～45 dBZ。之后的半个小时,回波逐渐加强,强中心达到 50 dBZ;飞机采取绕过强中心的穿云飞行,并沿路播撒碘化银烟条,到达双柏以南后向东折返,同时播撒催化剂。带状回波经过播撒半小时后,18:25 最强中心出现在牟定以东地区,强中心达到 50 dBZ 以上。整个云系逐渐变宽,回波强度 35～40 dBZ。飞机折返过程中在安宁以西停止播撒;19:03 飞机返回昆明长水机场,此时回波强中心减弱,但回波面积明显扩大(图略)。20:16 雷达回波面积继续扩大,强中心回波强度介于 40～50 dBZ。

从卫星云图(图 4)上可见,16:30 在滇西地区有云系向东移动发展,17:30 作业过程中云系逐渐增强直至 18:30。作业完毕后,云系面积有扩张现象,同时相应区域出现明显降水。

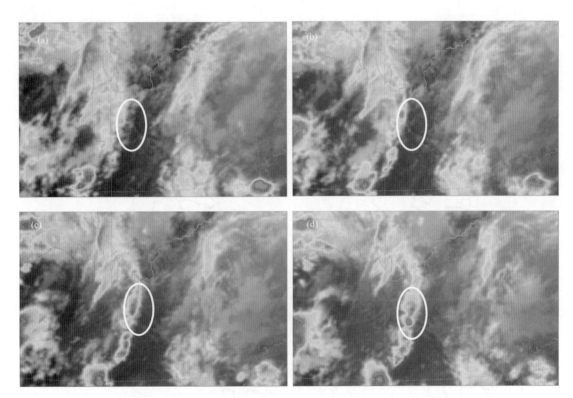

图 4　2013 年 5 月 4 日飞机增雨作业过程前后的卫星云图演变(白边椭圆区为作业区域)
(a)16:30;(b)17:30;(c)18:30;(d)19:30

7　聚类分析的分区结果

针对云南气象站点年降水量的历年变化,使用聚类分析将 105 个站点分别划分为 10～20 类(划分为几类就对应得到几组气象站点),其中划分为 10～16 类时,构成不同分类的各组包含的站点个数如表 1 所示。

表 1　云南 105 个站点按历年年降水量变化分类（聚类分析）得到的各组气象站点数

		构成各分类对应的各组组序														
		1	2	3	4	5	6	7	8	9	10	11	12	13	14	15	16
划分的类数	10	2	2	3	17	2	66	2	2	2	7						
	11	2	2	3	17	2	5	2	61	2	2	7					
	12	2	2	3	4	2	5	2	61	13	2	2	7				
	13	2	2	3	4	2	5	2	16	13	45	2	2	7			
	14	2	2	3	4	2	5	2	16	13	39	2	2	6	7		
	15	2	2	3	4	2	5	2	2	13	38	14	2	2	6	7	
	16	2	2	3	4	2	5	2	2	13	37	2	14	2	2	6	7

　　根据分类结果和距离值，把云南气象站点划分为 16 类是相对合适的。此时最大组中包含 37 个站点，占全部站点数的 35.2%，而最小组包含有 2 个站点，占全部站点数的 1.9%。把聚类分析划分气象站点的 16 类结果按站点自然地理分布呈现在二维地图上，得到相应的 16 个分区（如图 5 所示）。而此次天气过程的增雨作业区域基本在第 10 个分区内。

图 5　105 个气象站点历年年降水量变化的聚类分区结果

8 增雨效果分析

使用飞机作业进行 18 min 后起算的 8 h 降水量(即作业当天 17 时至次日 01 时)来检验增雨效果。因增雨作业影响区在上述聚类分析得到的第 10 个分区,于相同的分区内作业区的北面选取一个对比区,如图所示。据此使用南、北两区作增雨效果的对比分析,来增强增雨效果检验的科学性。其中,作业影响区包括 17 个站点,区域平均 8 h 雨量 $P_1=6.55$ mm;对比区有站点 10 个,区域平均 8 h 雨量 $P_2=3.06$ mm。

于是,本次增雨作业的绝对增雨量为:$A=P_1-P_2=3.49$ mm;对应的相对增雨率为:$R=(P_1/P_2-1)\times100\%=114\%$。

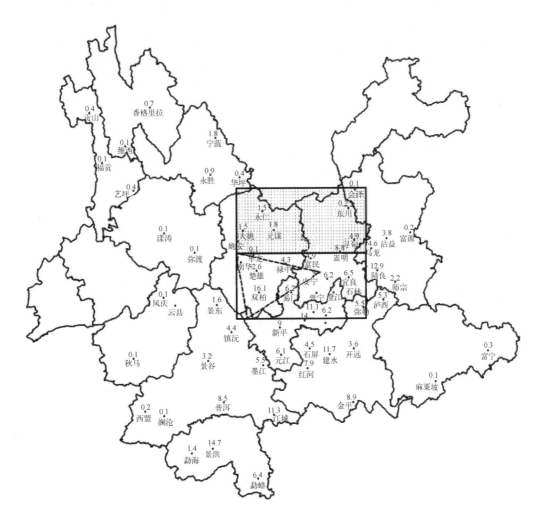

图 6　作业影响区(下部矩形区)、对比区(阴影区)和
飞机作业航线区(三角形)的位置示意图

9　结论

基于多普勒天气雷达、气象卫星、气象常规观测等资料,利用聚类分析判定了云南降水时间变化类型的分区,并分析了 2013 年 5 月 4 日云南的一次飞机增雨作业天气条件和增雨效果,得到如下结论:

(1)天气形势和相关大气物理量的分析可为判断天气过程是否适合飞机增雨作业、选择作业时机提供重要依据。与北方地区有所不同,云南降水系统常伴随对流性天气,飞机作业时依据雷达回波和云系变化提前进行催化或绕行作业,以保证飞行作业安全。

(2)本次飞机增雨作业中,飞机作业区及其下风方向区域的降水回波强度呈现增强态势,云体面积扩大,明显变宽变厚。雷达回波和卫星云图可监测降雨天气形势和云系的发展,为分析增雨效果提供帮助。

(3)基于历年降水数据,使用聚类分析法对云南降水时间变化进行客观分区;再在相同分区内确定作业影响区和对比区的基础上,选择相应站点降水资料进行增雨对比分析,可提高增雨效果检验的科学性。基于这种检验分析方法,本次飞机增雨作业影响区降水明显增加的效果得到了确认。

(4)针对全省气象站点的年降水量历年变化,使用聚类分析可将云南降水时间变化划分为 16 个不同类型分区,其中最大的分区包括楚雄、昆明、玉溪、红河四州市的 37 个站点。

参考文献

[1] 游积平,冯永基,杨金冬. 广东省 2005 年春季飞机增雨作业技术分析. 广东气象,2005,**27**(3):17-19.

[2] 杨敏,鲍向东,马鑫鑫,等. 2010 年 3 月 14 日河南省飞机增雨作业效果分析. 气象与环境科学,2012,**35**(B09):1-6.

[3] 杜毓龙,雷崇典,陈保国. 陕西省飞机增雨作业典型天气个例分析. 气象科技,2005,**33**(5):456-459.

[4] 刘晴,姚展予. 飞机增雨作业物理检验方法探究及个例分析. 气象,2013,**39**(10):1359-1368.

[5] 田英,吴爱萍. 一次人工增雨作业效果分析. 贵州气象,2009,**33**(2):35-37.

第三部分

南方干旱人工影响天气业务系统和服务概况

贵州省人工影响天气业务系统技术集成[*]

刘国强　田文辉　李怀志

贵州省人工影响天气办公室,贵阳 550081

摘　要　本文介绍了贵州省人工影响天气业务系统建设的整体情况,重点从技术集成的角度对系统结构和业务流程进行具体阐述。该系统针对传统管理和技术手段无法适应业务快速发展的现状,综合利用人工影响天气和计算机科学的最新技术成果,以云降水精细化分析技术和省—市—县—炮站四级联动机制为核心,构筑集作业条件分析、作业方案设计、作业预警指挥、作业实时监控、作业效果评估和作业信息管理于一体的人工影响天气业务功能与流程,开发适合贵州省特点的集预防、实施和评估于一体的人工影响天气综合业务平台,大力提高贵州省人工影响天气的业务能力和科技水平。

关键词:业务,集成,流程,系统

1　概述

随着社会经济的飞速发展,人工影响天气在增雨防雹和重大活动保障中的社会需求日益彰显,已上升为各级党委、政府应对气象自然灾害,保障人民生命财产安全和应对水资源压力,保障社会经济可持续发展的"民心工程",越来越受到各级领导的重视和广大群众的关注。但随着炮站数量的增多、作业工具的演变、探测系统的发展以及计算机的日益普及和应用,人工影响天气现有的作业条件判别、作业指挥方式和作业信息流程已无法满足业务快速发展的要求,在此背景下,为切实提升贵州省人工影响天气的科技含量和服务水平,贵州省人工影响天气办公室在充分依托气象业务系统的基础上,利用气象学、云物理学和人工影响天气等方面的最新研究成果,通过配置适当的硬件设备和开发相应的软件系统,研究开发适合本地特点的集作业条件分析、作业方案设计、作业预警指挥、作业实时监控、作业效果评估和作业信息管理于一体的新一代人工影响天气综合业务系统,并通过系统之间的有机融合与技术集成,初步构建起功能完备、分工明确、责任清晰、信息畅通、流程规范的人工影响天气业务技术体系。

2　总体结构

2.1　设计思路

人工影响天气是一项系统工程,要达到预期的作业目的,除要因地制宜进行周密计划、科学组织外,还需要准确及时地获取、处理各类信息,快速决策指挥作业,高效完成各个业务环节。过去国内已有许多专家对此进行了积极的尝试[1~10],但真正要设计出既符合当前人工影

* 资助项目:贵州省社会发展科技攻关项目《贵州省人工影响天气业务系统集成》(黔科合 SY 字[2012]3071 号)

作者简介:刘国强,男,1981年生,硕士,工程师,主要从事人工影响天气业务技术开发工作。

Email:gzrybemail@163.com

响天气科学发展趋势,又具有本地化特色的业务系统却并非易事,在设计与开发上要注重集约化和流程化,通过构建统一的平台将决策、指挥、协调、实施的各类信息进行无缝衔接,采用自动和人机交互相结合的方式,以规范的流程进行分工和任务的有机串联,同时突出本地特色,实现各级有所侧重地协调发展。在此指导思想下,贵州省人工影响天气业务系统坚持全面开放的宗旨,系统建设考虑采用当前主流成熟的技术,并且所采用的技术能够在今后相当长的一段时间内的保持领先水平,遵循可持续发展的业务模式,并通过不断完善硬件环境和软件支撑,全面建设一个新的规范化的人工影响天气工作体系。同时,随着业务的不断变化和发展,无论是新的服务,还是新的应用模块,都可以通过快速设计、快速开发,迅速部署在运行环境中,使系统不仅仅是在当前的一段时期内,更能够在较长的时间跨度里持续发挥作用。

2.2　构建方式

系统构建可概括为:在现代气象业务体系支撑下,依托公共信息高速公路和高性能计算机进行统一部署,按照省—市—县—炮站业务流程整合相应功能,充分融汇多个科研机构和管理部门的工作思路,面向各级指挥中心的不同技术需求,将业务和管理双重功能融为一体,建立具备统一技术标准,且简便、实用的业务流程。

2.2.1　系统架构

开发作业决策分析系统、作业指挥及信息共享平台、作业空域管理系统、物联网智能管理系统四个子系统,分别承担相应业务层级和业务角色的功能(见图1)。作业决策分析系统是核心,决定在哪里作业、如何作业,部署在省级,同时获取国家级云降水精细化分析的相关指导产品;作业指挥及信息共享平台是枢纽,实现各级之间业务产品和信息的实时交互,采用省级统一部署后台的B/S方式,省、市、县、炮站按照相应权限进行网页的浏览和操作;作业空域管理系统是条件,决定作业是否能予以实施,硬件分别部署在省级和空管,同时与国家级作业空域管理系统连接;物联网智能管理系统是基础,将作业现场的相关情况第一时间反馈到上级指挥中心,硬件部署在炮站,后台部署在省级,同时与国家级作业信息采集系统连接。各个层级和环节在各级业务平台的大屏显示系统进行集中展示,便于领导决策和指挥人员的综合分析。

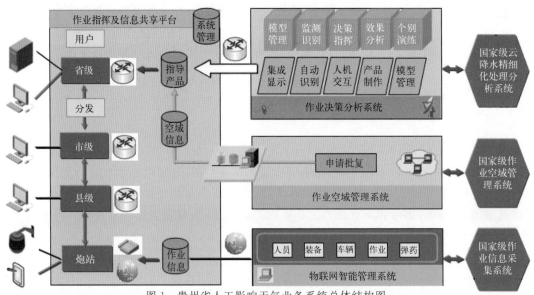

图1　贵州省人工影响天气业务系统总体结构图

2.2.2　核心功能

（1）基于云降水精细化分析的省级统一决策指挥

贵州省级作业决策分析系统主要在国家级云降水精细化分析处理系统（CPAS）的基础上进行本地化二次开发。系统保留CPAS观测资料显示、作业潜势预报、卫星反演融合、作业效果分析、业务产品制作等功能，并针对贵州由省级统一组织实施地面人工防雹增雨作业的需求，专门增加基于三维雷达拼图数据和省级短时临近产品的作业实时预警、作业参数测算模块，同时，贵州还提供自主开发的基于探空资料相似法和指标法的贵州春季冰雹预报源代码供CPAS丰富算法，如图2所示。

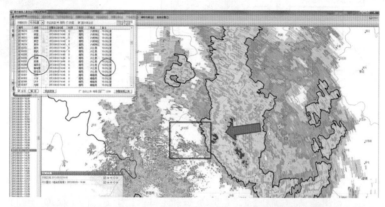

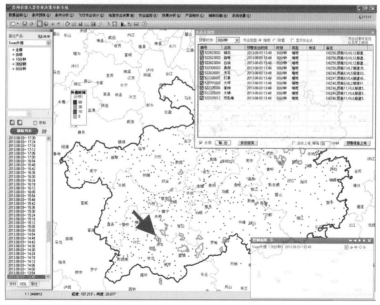

图2　贵州省三维雷达拼图数据和短时临近预警产品在CPAS平台的显示

（2）基于集中式管理的省—市—县—炮站统一业务部署

为规范省、市、县、炮站四级人工影响天气业务流程，将分散的业务数据进行集中整合，解决各个业务环节之间数据衔接的问题，系统由省级集中进行网络后台部署，统一对信息共享和信息交换进行管理，并按照权限采用集中式网络服务，实现数据同步更新，各级按照不同分配权限进行操作。

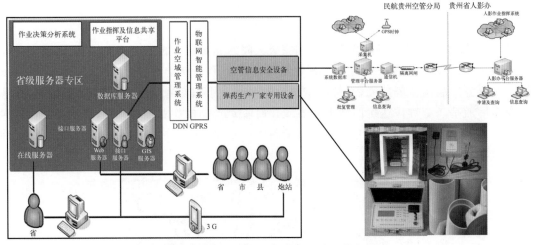

图3　贵州省人工影响天气业务系统网络部署图

3　业务流程

根据中国气象局人工影响天气中心的业务发展指导意见,将人工影响天气业务按性质与流程分为监测分析、条件预报、作业指挥、作业实施、效果评估、装备保障、安全管理和科技支撑八个部分(见图3)。贵州省人工影响天气业务系统以四个子系统为载体,进行功能和角色整合,建立统一、规范的业务流程,使各级之间实现联动和协调,是实现系统技术集成的关键。

3.1　角色分工

系统按照业务层级分为省、市、县和炮站。省级发布全省作业条件预报指导产品,组织和指挥全省地面人工防雹增雨作业,实施省级飞机人工增雨作业,整理并上报全省人工影响天气作业信息,开展人工影响天气作业效果评估,负责全省作业空域时间的申请和信息共享平台的管理维护,包括省级作业指挥、省级作业调度、省级安全管理三个角色。市级结合省级业务指导产品,组织和指挥全市人工影响天气作业,收集、整理并上报全市人工影响天气作业信息,包括市级作业指挥、市级作业调度两个角色。县级组织全县地面人工影响天气作业,收集、整理并上报全县人工影响天气作业信息和灾情信息,负责全县作业相关信息的录入和管护,只有县级作业指挥一个角色。炮站根据上级下达的作业指令,实施地面人工影响天气作业,收集、整理并上报作业区内的人工影响天气作业信息和灾情信息,配备炮站通讯终端。

3.2　流程衔接

(1)系统衔接

由云精细化分析平台在相应的业务阶段通过必要的业务工作得出相应的业务产品,提交到作业指挥及信息共享平台进行分发,同时,相关联的作业空域由作业指挥及信息共享平台向作业空域管理系统的接口获取(见图4)。

(2)角色衔接

业务流程主要根据时间进行阶段划分,重点明确各业务层级的分工以及各业务角色的任务,使不同的业务人员能够清晰地知道在什么阶段要做什么事情,得出怎样的结果(见图5)。

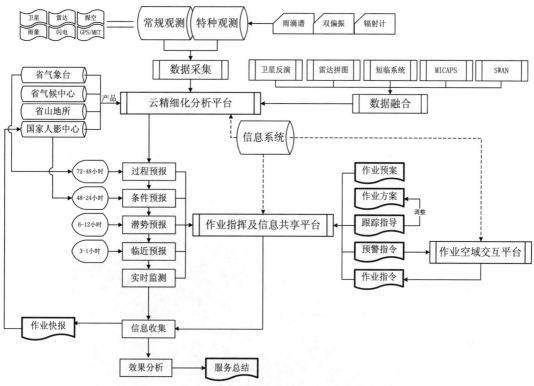

图 4 以作业决策分析系统为核心的系统衔接流程图

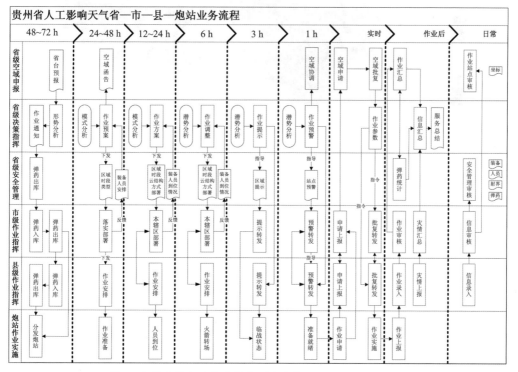

图 5 以作业指挥及信息共享平台为核心的业务分工流程图

3.3 运行示例

以 2013 年 8 月 3 日贵州人工增雨抗旱作业服务为例,详细介绍贵州省人工影响天气业务系统的运行流程。

3.3.1 作业需求

2013 年 6 月中旬开始,受持续晴热少雨天气影响,贵州大部分地区出现不同程度干旱,旱情发展迅猛,呈现不断加剧和蔓延的态势。根据 8 月 2 日省气候中心发布的干旱监测显示,全省 76 个县(市、区)出现不同程度的气象干旱,特旱达到 13 个县(见图 6)。

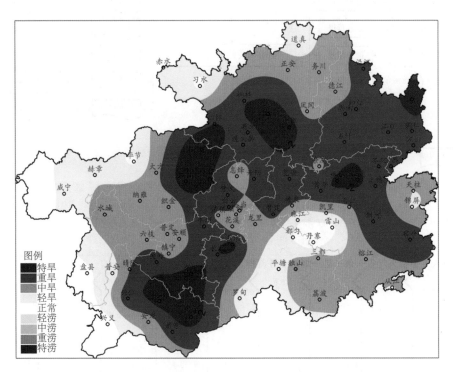

图 6　贵州省 2013 年 8 月 2 日旱情图

3.3.2 分析预测

(1)作业过程预报

省气象台 7 月 31 日发布短期预报:8 月 3 日受台风"飞燕"外围云系影响,贵州南部旱区存在比较有利的人工增雨作业条件(见图 7)。

根据省台天气形势综合分析,8 月 3 日 20 时,贵州受台风外围环流影响,西南部偏南气流湿度层深厚,相对湿度较高达 90%(见图 8)。

8 月 3 日 08 时至 8 月 4 日 08 时,省的南部有阵雨或雷雨,局地有中雨,其余地区多云有分散阵雨(见图 9)。

根据日本模式预报结论,贵州省的西南部主要降水时段为 3 日 20 时—4 日 02 时(见图 10)。

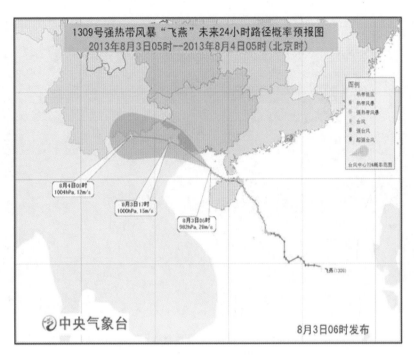

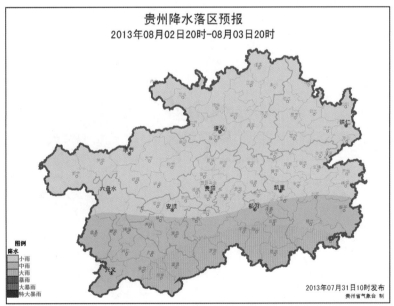

图 7 "飞燕"台风路径预报和贵州省降水落区预报

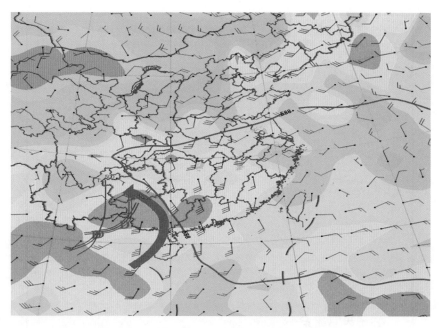

图8　2013年8月3日20时贵州省EC综合分析

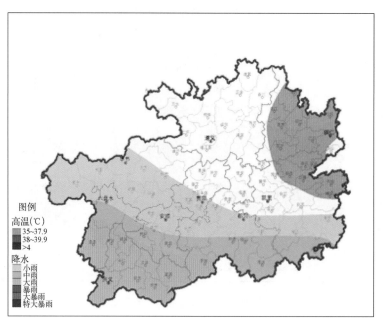

图9　2013年8月3日贵州省气象台发布的24 h降水落区预报

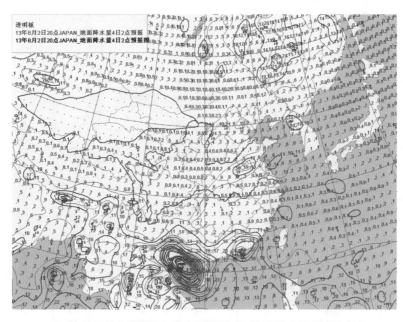

图 10　日本模式 6 h 降水预报（3 日 20 时至 4 日 02 时）

（2）作业潜势预报

基于云降水综合处理分析平台对国家人影中心下发的模式产品进行分析，做出人工增雨作业潜力区预报，初步判断出台风外围云系在 8 月 3 日 20 时左右影响贵州南部（见图 11）。

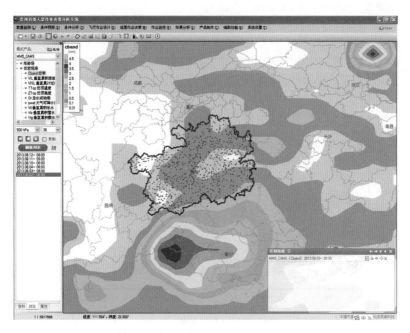

图 11　模式预报 8 月 3 日 20 时云带

　　同时,根据国家人影中心提供的作业条件监测分析与预报产品,8 月 3 日 08 时至 4 日 08 时,贵州大部有云系覆盖。贵州南部旱区预报累积过冷水约有 0.3～0.5 mm,具有一定的催化潜力(见图 12)。

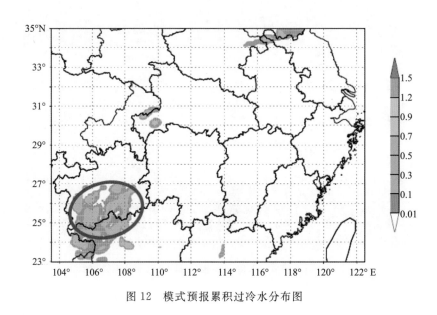

图 12　模式预报累积过冷水分布图

　　从潜力区云体垂直结构上看,8 月 3 日 08 时至 20 时,贵州南部过冷水主要位于 0～−10℃层(海拔高度 5000～7000 m)(见图 13)。

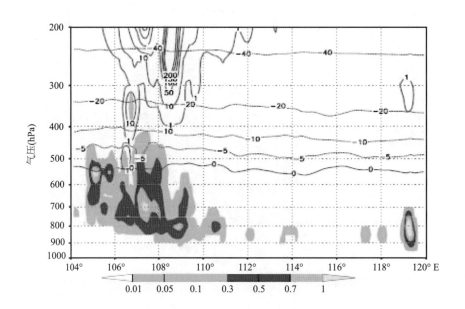

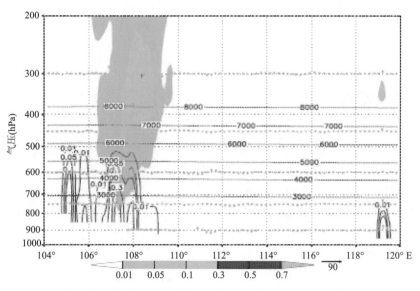

图 13　2013 年 8 月 3 日 05 时沿 26.0°N 东西向水成物垂直剖面

3.3.3　作业准备

（1）作业方案制定

综合考虑天气系统移向移速、影响范围、云物理条件，结合作业点布局及催化影响时间等因素，确定 8 月 3 日作业对象为台风外围冷暖混合云系，其中暖层深厚，从东南往西北移动，过冷水区高度为 5000～7000 m，云底高 1000 m 左右，暖云厚度 4000 m，目标作业区在贵州西南部的安顺、黔西南一带，作业最有利时段为 8 月 3 日 20—24 时，作业的重点区域在贞丰、兴仁、晴隆、镇宁、紫云（见图 14）。

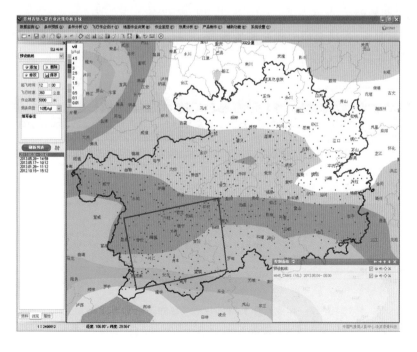

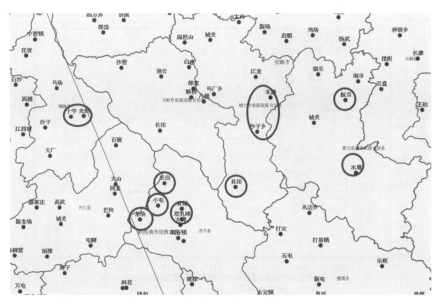

图 14　飞机作业区域、地面作业布局图

作业拟采用飞机和地面移动火箭联合立体作业方式,制定 2 架次飞机人工增雨作业计划,催化方式为飞机暖云烟条和地面 AgI 催化,作业工具为飞机、火箭空地立体作业,飞机采用暖云催化作业方式,暖云烟条 20 根,作业高度 4000 m,作业时段预计在 8 月 3 日 09 时至 20 时,地面作业由省人影办统一组织 9 辆 WR-98 型火箭车携带 72 枚火箭弹,开赴贞丰、紫云、兴仁县的作业炮站,当地移动作业火箭配合作业,作业时段预计在 8 月 3 日 20 时至 8 月 4 日 00 时,火箭车 3 日 12 时就位,作业高度 6000 m 左右,催化方式为冷云催化,现场指挥中心设在贞丰县双乳峰炮站。

(2)作业弹药配发

作业方案制定后,省级向相应市州配发弹药,市州、县、炮站根据本地的作业部署进行逐级确认,保证装备、人员到位(见图 15)。

图 15　作业指挥及信息共享平台的弹药管理界面

3.3.4 预警识别

(1)作业监测分析

从 8 月 3 日 08 时威宁、贵阳、河池、百色探空站探空空间分析来看:靠近南部的探空站云系更加深厚,更有利于开展人工增雨作业。贵阳站探空资料显示:0℃层高度为 5108 m,一10℃层高度为 7086 m(图 16)。

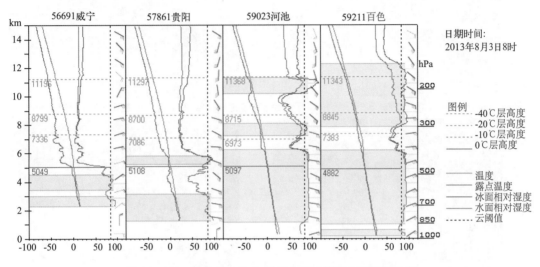

图 16　2013 年 8 月 3 日 08 时贵阳探空资料空间序列分析

根据实时卫星云图资料监测发现,台风外围云系在 8 月 3 日 08 时已经影响贵州南部边缘,时间比前日的模式预报相对提前了 12 小时左右。因此,针对人工增雨作业的时段也相应作出调整。从 3 日 08 时开始,云系从东南向西北移动逐渐影响贵州西南部,并且有较强的水汽输送,云层逐渐增厚(图 17)。

在 3 日 12 时整个黔西南都在云系影响范围之内,此时,飞机正式确定飞行航线,从贵阳起飞,逐渐深入台风外围云系影响区域,迎着云系来向实施作业。同时,启动雷达回波实时监测,并通过空地传输系统指挥飞机在有雷达回波生成的区域进行重点催化。

飞机人工增雨作业 12:01 分从磊庄机场起飞,航线:磊庄—安顺—普定—六枝—关岭—镇宁—贞丰—紫云—册亨—望谟—罗甸—长顺—磊庄,燃烧 9 根碘化银焰条,于 13:59 降落,航程约 606 km(图 18)。

在飞机增雨作业结束后,随着天气系统的进一步移动和影响,在目标增雨区仍有有利的天气条件适合开展人工增雨作业。地面移动人工增雨作业火箭已在目标区作业炮站就位,等待合适时机开展作业。台风外围云系在 3 日下午 14 时左右移至人工增雨作业区,15 时两块云团合并增强,TBB 在 −30～−40℃之间(图 19)。

8 月 3 日下午 12 时以后,目标作业区形成较大的液水团,大部分区域光学厚度达 24 以上,有开展地面人工增雨作业的有利条件。选择光学厚度 10～30 范围内的云进行催化,易增加地面降水。12 时左右在关岭、贞丰、紫云附近光学厚度在 15～30 之间,并有回波生成,可进行催化作业(图 20)。

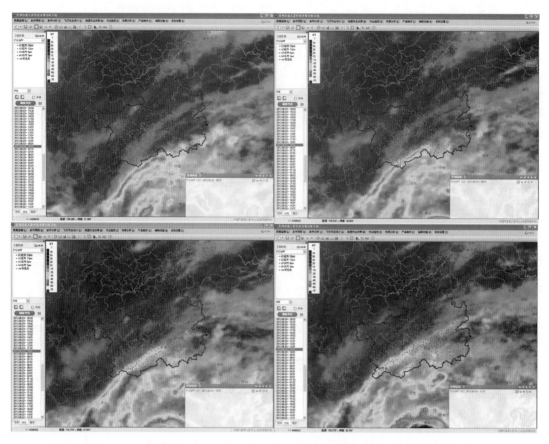

图 17　2013 年 8 月 3 日 08 时至 11 时红外云图

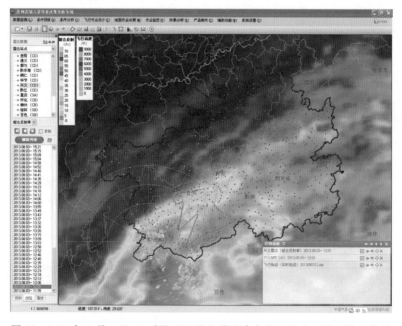

图 18　2013 年 8 月 3 日 12 时基于卫星和雷达确定的飞机人工增雨作业航线

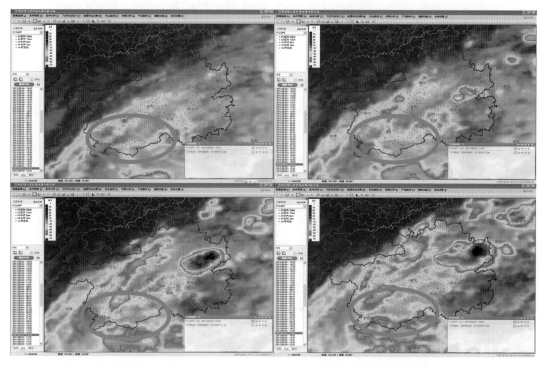

图 19　2013 年 8 月 3 日 13 时至 16 时逐时红外云图

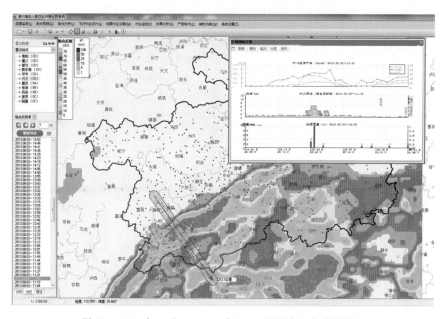

图 20　2013 年 8 月 3 日 08 时至 15 时逐时云光学厚度图

（2）作业预警发布

从卫星上发现可催化作业的潜力区后，立刻启动作业实时预警指挥。系统根据 SWAN 外推产品自动生成作业预警信息，对下游炮站发出作业预警，提醒炮站做好人工增雨作业准备（图 21）。

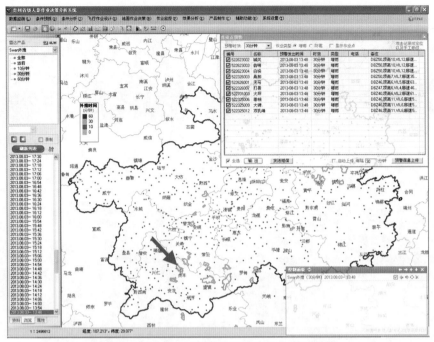

图 21　基于雷达回波外推的地面作业实时预警

13 时 48 分,系统根据雷达回波的强度、移向、移速对下游作业炮站发出预警,提醒炮站做好人工增雨作业准备。本地增雨预警指标为强度>30 dBZ,回波顶高>6 km(图 22)。

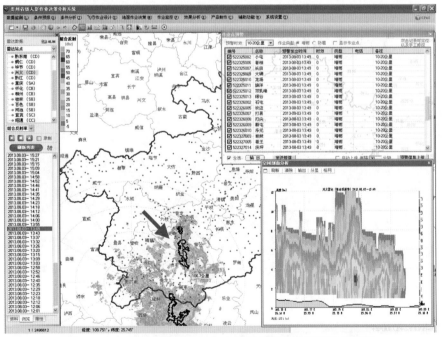

图 22　2013 年 8 月 3 日 13 时 48 分基于回波的雷达提前预警

省级做出预警后,市州在信息共享平台上会出现预警提示,由市州向炮站进行预警转发(图 23)。

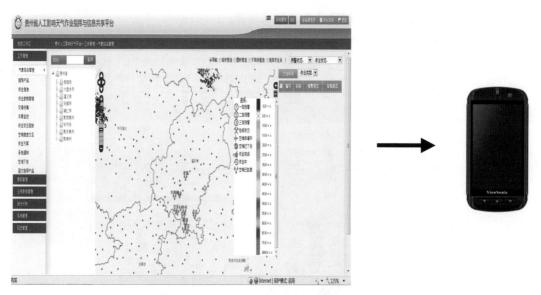

图 23　基于作业指挥及信息共享平台的预警转发

3.3.5　作业实施

（1）作业空域申请

炮站收到预警后开始进行准备，一旦准备就绪，立刻提出作业申请（图 24）。这时，市州在信息共享平台上会出现申请提示，此时，市州将该申请上报省级，省级再向空管提交。空管批复后，省级下发市州，市州在信息共享平台上会出现批复提示，然后由市州告知炮站实施作业。

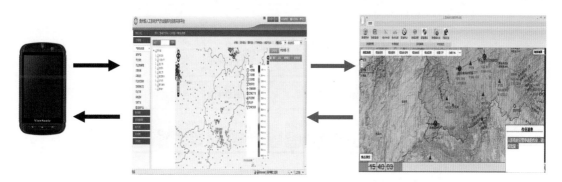

图 24　基于作业指挥及信息共享平台、作业空域管理系统的作业空域申请

（2）作业参数测算

需要说明的是，在空管批复的同时，省级还会实时根据雷达回波测算出所有申请作业炮站的作业参数，给出方位、仰角和参考用弹量进行下发。14 时 18 分，系统根据雷达回波实时生成作业参数（图 25）。以双乳峰炮站为例，作业方位西北，仰角 $45°\sim50°$，参考用弹量 22 发。

（3）作业实施监控

炮站终端收到作业指令后，作业人员按照指令予以实施，并在"作业开始"和"作业结束"两个时间进行点击，让指挥中心实时了解炮站作业的状态。如果是装配物联网设备的移动火箭车，作业信息会通过采集装置自动将火箭发射的相关信息反馈到省级作业指挥中心。如果是装配作业通讯终端的炮站，则由作业人员通过点击相关按钮进行作业信息上报，同时，各级指挥中心还可以实时看到安装视频监控设备的炮站影像(图 26)。

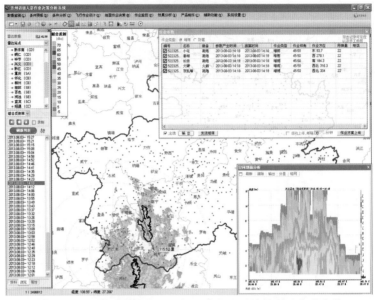

图 25 2013 年 8 月 3 日 14 时 18 分基于回波的雷达作业参数

图 26 炮站通讯终端和视频监控界面

3.3.6　效果分析

　　对比飞机增雨作业时和作业后飞行轨迹上雷达回波的变化,发现作业后回波合并,同时强度和高度都有明显增加(图27)。

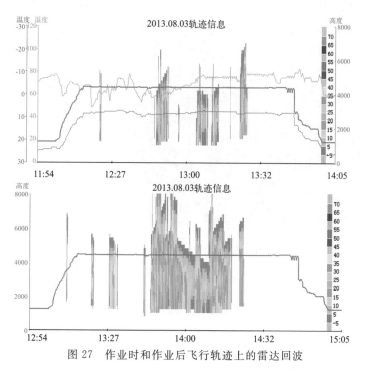

图 27　作业时和作业后飞行轨迹上的雷达回波

　　对比增雨作业前后 $T\text{-}R_e$ 的变化,作业前从 8℃的云底到−30℃,所有粒子的有效半径均<14 μm,说明作业前目标云系内上升运动剧烈,小粒子在高低层中交换频繁,来不及增长,只在低于−35℃层的区域略有随温度降低而增长的趋势,催化作业后,云顶温度 t_{top}(℃)由−45℃变为−60℃(即所能反演的云层最高位置),有效粒子半径 R_e 明显增大,低于−10℃的区域,增长超过降水阈值 14 μm(图28)。

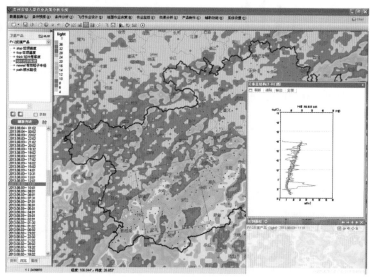

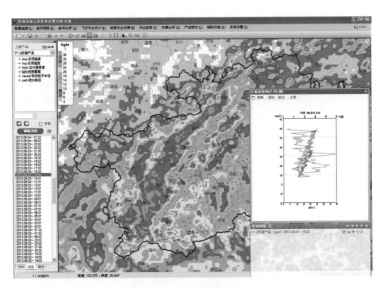

图 28　作业前(11 时)和作业后(15 时)增雨区域的 T-R_e 变化

对作业前后云顶高度和云顶温度的变化进行比较。云顶温度方面,催化后云系的云顶温度较作业前降低,且整个云体温度降低,平均值由 $-9.070℃$ 降为 $-22.730℃$(图 29)。

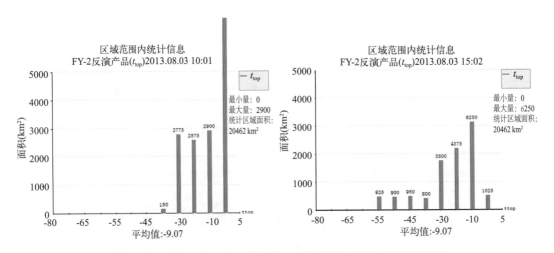

图 29　作业前(10 时)和作业后(15 时)增雨区域的云顶温度变化

云顶高度方面,催化后云顶高度升高,由作业前的 12 km 上升到 14 km,整个云体上升,平均值从 6.98 km 上升为 9.68 km(图 30)。

对比增雨作业区域在作业前后回波的变化。被催化云系在作业前后的变化:在贞丰县双乳峰炮站、者相炮站、大碑炮站实施增雨作业后,回波强度增强,面积增大,尤其是作业后 15 min,回波整体平均强度增加 10 dBZ,变化趋势明显(图 31)。

固定地点作业时段回波变化:对主要实施作业的贞丰县进行时间序列回波变化分析,从 13 时到 16 时,回波呈现明显增强、增高的趋势(图 32)。

催化效果从回波与同时段地面雨量的变化上还可得到进一步验证(图 33)。

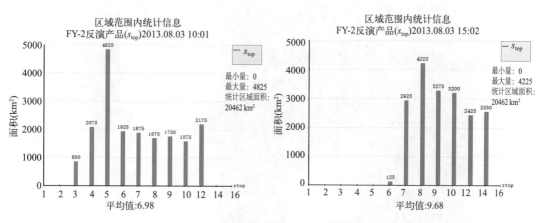

图 30　作业前(10 时)和作业后(15 时)增雨作业区域的云顶高度变化

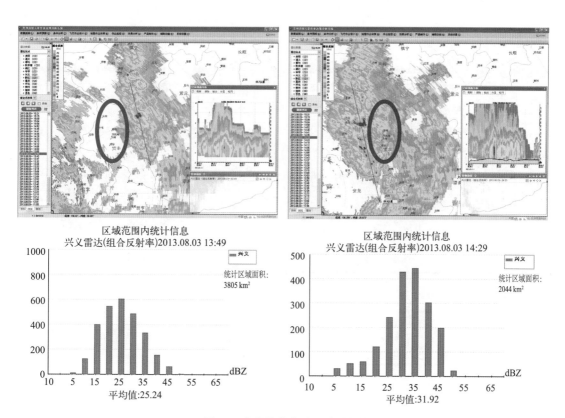

图 31　实施催化前后回波的变化

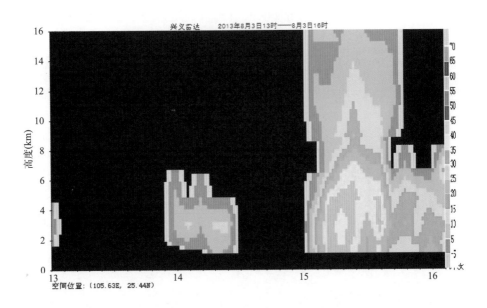

图 32　贞丰县 13 时至 16 时时间序列回波变化

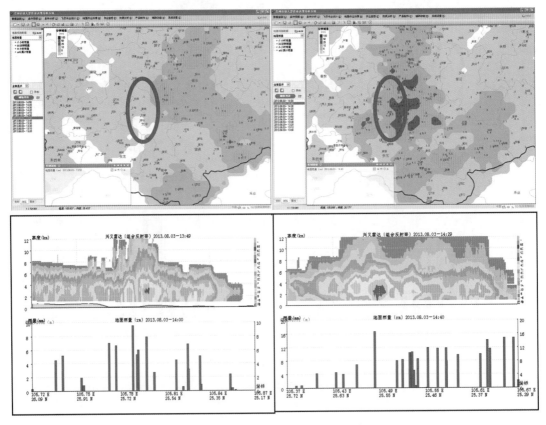

图 33　实施催化前后回波及雨量的变化

当天风向为偏东风,在系统上确定影响区和对比区。

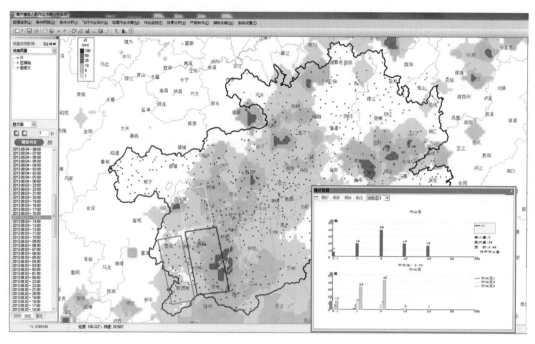

图 34　影响区和对比区的雨量对比

由空间剖面分析,增雨作业后影响区的光学厚度、云顶高度、雷达回波都较对比区有明显增长,对应时段地面雨量也明显大于对比区(图 34,图 35)。

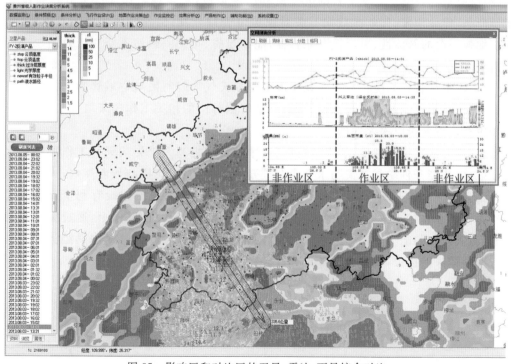

图 35　影响区和对比区的卫星、雷达、雨量综合对比

在作业后的 5 h 中,全省中、南部降水云系产生了小到中雨量级的降水,其中增雨作业的影响区降水明显大于相邻非影响区,同时作业区域的实际降水量比预报更多。

增雨作业后的 8 月 4 日,遵义市北部、毕节市中部、六盘水市、黔西南州以及中部局地的旱情有所缓解,与 8 月 2 日对比,重旱以上县(市、区)由 44 县(市、区)减少至 36 县(市、区),其中,特旱减少了 2 县,重旱减少 6 县(市、区)(图 36,图 37)。

作业影响区普降小到中雨,局地大雨,尤其是省人影办统一组织布防在黔西南州贞丰县、兴仁县和安顺市紫云县、镇宁县境内的 9 个移动火箭车作业 34 次,使用火箭弹 69 枚,作业效果明显,雨量站最大降水达 33.4 毫米,降水区域的土壤相对湿度增加了 20% 左右,有效缓解了省西南部的旱情,取得了明显的区域性抗旱成效。

4　小结

贵州省人工影响天气业务系统集成建设目前正处于发展的关键阶段,前期已取得显著的成效,但在气象现代化建设的背景下,还必须把握住业务发展的前沿,站在人工影响天气科学技术发展的高度,使各部分子系统服从人工影响天气业务发展的总体要求,既能实现各个阶段的功能需求,又能充分考虑系统的开放性和延伸性,不断提升科技含量和业务适用性。

(1)作业决策分析系统已经形成云降水精细化分析平台的架构,在人工增雨方面具备比较全面的功能,产品也很丰富,但在人工防雹方面,尤其是对雷达资料的应用和对人工防雹作业的效果检验还需进一步完善。

(2)作业指挥及信息共享平台的主要流程已经形成,可实现将作业决策分析系统生成的指导产品、作业预警、作业参数向有关对象单位进行分发,但各模块功能还不够精细,需进一步加强平台的开放性、灵活性和兼容性,能满足省、市、县、炮站不断更新的用户个性化功能需求。

(3)作业空域管理系统在贵州实现了人工影响天气部门与民航空域管制部门的网络化连接,但由于空域管制的业务特殊性,军航空域管制部门的相关工作还未取得实质性进展,下一步应在这方面予以深入推进。

总之,只有依靠科技进步,加强科技创新,才能切实提高人工影响天气工作的科技水平和作业效益,才能开创防雹减灾与水资源合理开发并举,高空飞机与地面高炮、火箭立体互补的人工影响天气作业新局面。新一代人工影响天气业务系统的建设有利于贵州人工影响天气工作。在立足于掌握贵州的灾害性天气的发生发展规律的基础上,通过突出贵州特色,提高减灾防灾的能力和工作效率,最大程度地减少冰雹、干旱天气对国民经济和人民生命财产安全带来的损失,更好地服务地方社会经济建设。

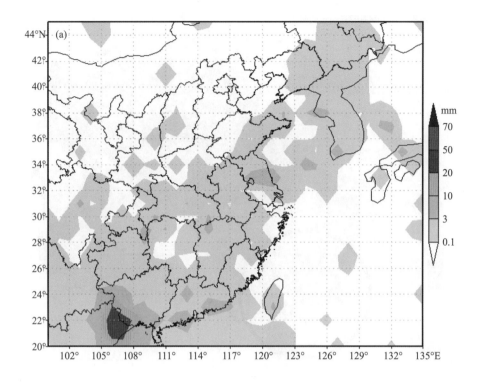

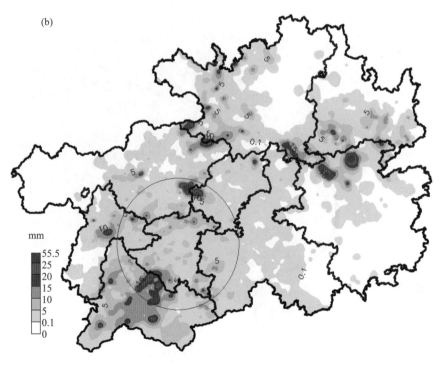

图36　2013年8月3日14时的6 h降水量预报(a)和实况(b)对比

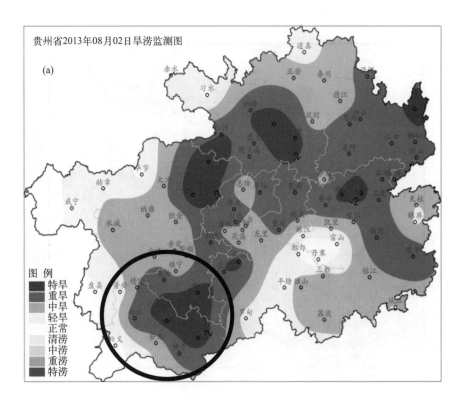

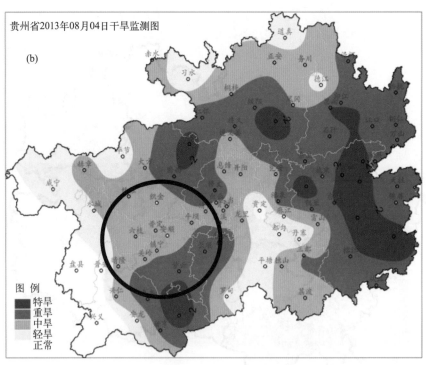

图37　作业前(a)后(b)全省旱情对比

参考文献

[1] 胡志晋,王广河,王雨增. 人工影响天气工程系统. 中国工程科学,2000,**2**(7):87-91.

[2] 周毓荃,张存. 河南省新一代人工影响天气业务技术系统的设计、开发和应用. 应用气象学报,2001,**12**（增刊）:173-184.

[3] 陈怀亮,邹春辉,周毓荃. 人影决策指挥地理信息平台的建立和应用. 南京气象学院学报,2002,**25**(2):265-270.

[4] 王以琳,黄磊. 地市级人工影响天气业务技术系统. 气象科技,2007,**35**(4):535-540.

[5] 王以琳,张新华,贾斌,等. 地面人影作业决策指挥系统建设的技术问题探讨. 气象科技,2011,**39**(4):502-506.

[6] 王以琳,李德生,刘诗军,等. 省市县三级人工影响天气作业指挥体制探讨. 气象科技,2010,**38**(3):383-388.

[7] 张萍. 人工增雨防雹作业通讯信号质量分析. 贵州气象,2009,**33**(5):34-35.

[8] 黄毅梅,周毓荃,鲍向东,等. 人工影响天气高炮(火箭)作业空域自动化申报系统. 气象科技,2006,**34**(3):301-305.

[9] 罗俊颉,贺文彬,田显,等. 人工影响天气作业对空射击信息管理系统研发与应用. 气象科技,2013,**41**(1):165-169.

[10] 杨凡,孙琪,丁峰,等. 基于SPOT卫星影像的火箭安全通道图的制作. 山东气象,2009,**29**(3):35-36.

浙江应对 2013 年夏季严重高温干旱
人工增雨作业服务的认识和思考

沈　武

浙江省人工影响天气办公室,杭州 310002

摘　要　分析了浙江应对 2013 年夏季严重高温干旱的人工增雨作业需求和面临的困难,提出迅速组织人工增雨作业应对抗旱降温的具体措施,以及几点思考。

关键词:人工增雨,抗旱,思考

1　引言

2013 年夏季,浙江省遭遇了罕见的高温干旱灾害,城乡居民生活和工农业生产受到极大影响,引起全社会的广泛关注。浙江省委、省政府高度重视并作出部署,要求各地抓住一切有利条件,绝不放过任何一个机会,随时开展人工增雨抗旱作业。浙江省各级人影办坚持政府主导、部门联动、气象组织、社会参与的工作机制,注重提升作业运行组织效率,全力以赴保障人工增雨抗旱作业,充分发挥人影的防灾减灾、趋利避害作用,取得了明显成效,受到各级党委、政府肯定和社会广泛好评。

2　形势与需求

2.1　夏季高温为 60 余年最严重,历史罕见

2013 年 7—8 月,受盘踞江南上空西北太平洋副热带高压强度强、持续时间长影响,浙江省出现 60 余年最严重的高温热浪少雨天气。全省平均气温、高温日数、极端最高气温均破1951 年以来的最高记录。平均气温 30.2℃,比常年同期偏高 2.1℃;平均高温日数 38 d,比常年同期多出 1 倍以上,其中 40℃以上有 6 d;35 个县(市、区)极端最高气温破历史同期最高纪录,新昌 44.1℃超百年一遇,破浙江省极端最高气温历史记录(原记录 2003 年丽水 43.2℃)。

2.2　受其影响,浙江省发生严重干旱

2013 年 7 月 1—8 月 18 日,全省平均降水量平均 58.3 mm,比常年同期偏少 8 成;蒸发量全省平均 277.1 mm,比常年同期偏多 88.8 mm。全省大部地区降水量、蒸发量均破历史同期记录。据气象干旱监测显示,干旱最严重时(8 月 18 日)全省中度以上气象干旱面积达 8.09万 km²,其中特旱面积 1.29 万 km²,重旱面积 2.42 万 km²。干旱导致居民缺水,农作物枯萎,严重影响人民生活及农业收成,对开展人工增雨抗旱作业提出了迫切需求。

2.3 省委省政府提出全力保障人工增雨抗旱作业

面对全省历史罕见的夏季高温干旱灾害,省委书记夏宝龙、省长李强等省领导高度重视高温干旱应对工作,多次对人工增雨抗旱工作作出批示和指示,要求各地加强组织领导,各部门全力配合,气象、人影部门随时开展人工增雨抗旱作业,为抗大旱、保民生、促发展做贡献。7月 30 日,省人影工作领导小组组长黄旭明副省长主持召开省防汛防台抗旱指挥部暨人影领导小组成员单位会议,研究部署人工增雨抗旱工作。8 月 12 日,黄旭明副省长专门来到省人影办主持召开人影工作协调会,就进一步加强部门配合,针对前阶段人工增雨工作反映出来的问题,现场解决落实财政保障、部门协调,为人工增雨抗旱作业保驾护航。

3 应对与措施

面对作业装备不足、作业队伍不足、作业条件不足、作业覆盖不足,特别是在任务紧、任务重的压力下,浙江省人影办多措并举,凝聚合力,迅速开展人工增雨作业,确保人工增雨防暑抗旱效益的发挥。

3.1 抓"政策",发挥政府主导作用

8 月 8 日,省委办公厅、省政府办公厅下发《关于切实做好防旱抗旱工作的紧急通知》和 8 月 13 日,省政府办公厅发出《关于进一步做好当前人工增雨抗旱工作的紧急通知》,要求全省各市、县(市、区)党委、政府全力组织领导,迅速部署人工增雨抗旱降温工作。通知为各地开展增雨抗旱,特别是进一步加大作业能力建设提供了明确的政策导向、有力的政策支持和全面的政策保障。省财政及时下拨中央财政补助资金,增拨欠发达县装备建设补助资金,从资金上带动各地人影工作。

3.2 抓"组织",发挥指挥协调作用

7 月 30 日,省人影办发出通知,要求各地迅速完善人工增雨抗旱作业预案,启动作业方案、空域计划、作业公告、装备调配等作业程序,随时组织人工增雨抗旱火箭作业。各级人影办迅速进入 24 h 值班状态,加强值班值守,加强组织协调,确保指挥畅通。同时,省人影办狠抓对省委、省政府部署的落实,除开展常规渠道互动外,加强电话跟踪问责,随时了解各地政府财政动向,作业组织动态,发现问题及时指导解决,确保能够随时开展人工增雨作业。

3.3 抓"落实",有序做好作业准备

各人影作业队伍按照人员、装备、监测、培训、安全"五个到位"的要求,由市级人影办领导亲自抓、市人影管理员要具体抓,作业技术骨干实践抓,切实落实各项准备工作。加强新增作业人员的培训、上岗资格考核工作,重点开展操作流程、业务规范、安全制度、空域申请等业务知识和实用技能培训,对已有作业资格的作业人员要接受再培训、再学习、再教育,严把质量关。全面开展作业装备、车辆维护,加强火箭弹储运计划,实地勘查作业场所安全环境,确保作业安全。

3.4　抓"装备",迅速提高作业能力

全省原有42套火箭发射系统已经不能适应日益升级的抗旱作业需求。省人影办按照特事特办要求,放弃休息、加班加点,做到24 h内快速完成各地装备购买申请的批复,落实各地政府采购办特准作业装备单一来源政府采购方式,相关生产厂家全力配合供货,使新购40套火箭作业系统装备能以最短时间投入人工增雨抗旱作业,全力保障各地人影作业顺利实施。同时,加强装备安全管理和运维保障,协调部队弹药库房,确保作业用的火箭弹不缺、不断。

3.5　抓"队伍",迅速组建作业队伍

按照标准化作业队伍建设规程,各地迅速组建作业队伍,建立规范人影业务流程,围绕人工增雨作业实施,明确组织管理、指挥协调、作业实施、业务支撑和后勤保障等岗位职责,落实任务分工,确保随时开展人工增雨作业。强化火箭作业分队的标准化建设,规范火箭作业分队的人员组织、装备配备、辅助设施和操作规程,保障作业分队全天候作业能力的提升。强化人影队伍安全责任管理,各级人影办主任负当地人影作业安全总责,逐级签订安全责任书,确保各项安全措施落实到位。

3.6　抓"联动",强化部门保障到位

在中国气象局指导下,7月29日省气象局启动防高温三级应急响应,通过加强高温干旱监测评估,加强人影作业条件精细化分析研判,定期组织人影作业方案会商,为增雨抗旱作业提供科技支撑。根据上级指导意见,全省提交人影作业计划580余份,申请空域565次,提高了人影作业实施效率。军民航空管部门开通绿色通道放开临时作业申请,全力优先保障人工增雨作业。各级财政及时下拨人影所需经费。农林水部门及时提供作业需求和选点建议。省军区、公安等协助火箭弹安全储存,保障作业安全。

3.7　抓"舆论",营造良好社会氛围

在省政府的支持下,大力宣传通过电视、广播、报刊、网站等新闻媒体和手机气象短信、气象微博、气象声讯电话等渠道,广泛宣传人工增雨工作进展、成效和先进事迹,营造人工增雨抗旱保民生促发展的良好舆论氛围。如8月16日,浙江卫视《浙江新闻联播》在"迎战高温干旱"专题中头条报道了人工增雨抗旱作业。8月17日,《浙江日报》头版"战高温、抗干旱、护民生"专题报道人工增雨一线作业队伍发扬不怕疲劳连续作战的感人事迹。浙江天气网专门开辟人影专栏,受到网民热捧。

4　思考与打算

近年来,浙江省人影能力不断增强,人工增雨作用和防灾减灾、趋利避害成效不断发挥,但全省人影工作离国办发〔2012〕44号文件和浙政办发〔2013〕163号文件的要求仍有较大差距。

4.1　人影队伍建设有待进一步加强

当前,作业人员由气象业务人员兼职,遇到像2013年这样持续时间长、强度大、24小时作

业点蹲守的人工增雨作业,就会出现人员紧张的困惑,作业人员的必要的休整得不到保障。各地人影工作机构、人员编制的落实,以及统筹民兵、武警等部门人力资源参与作业的工作有待探索和加强。

4.2 作业业务能力有待进一步提高

浙江省尚未制定人影业务体系建设方案,缺乏顶层规划、规范设计,因而各地在人影作业服务能力建设方面出现参差不齐。指挥信息化、空中云水资源监测、作业条件识别预警、作业效果评估和效益评价等能力仍然不高,固定作业点建设滞后,作业后勤保障不足。飞机作业和服务领域拓展还很薄弱。

4.3 作业服务体系有待进一步完善

国内外实践证明,人影是保障水资源安全的有效途径之一,应用前景广泛。当前,浙江省人影预防性、常态化方面比较薄弱,重应急性作业,轻预防性作业的现象普遍存在,一定程度上制约了人影防灾减灾、趋利避害功能的发挥。作业服务体系有待进一步建立完善,部门联动和需求响应机制有待进一步健全。

4.4 人影安全工作有待进一步推进

加快组织《浙江省人工影响天气管理办法》编写,提高人影依法管理水平。健全人影安全作业责任制,完善人影安全事故处置办法和应急预案,开展安全事故处置应急演练。推进一市一库建设,确保每个设区市有一个专业仓库存放火箭弹。定期开展公安、安监、气象、空管等部门联合安全检查,提高安全治理水平。

5 结语

浙江人工影响天气工作始于 1958 年,之后几经起伏,2003 年以来进入了持续稳定发展时期,特别是 2003、2004 年和 2013 年的重大高温干旱给浙江人工影响天气快速发展提供了难得的机遇。目前,省级和 10 个市、59 个县(市、区)建立了地方政府人工影响天气工作领导小组,省级和 17 个地方落实了人工影响天气地方机构和编制,有力地保障了浙江人工影响天气工作发展。

下一步,将继续推进人工影响天气工作机构建设,建立完善人工影响天气业务、安全、装备、科研和社会化管理体系,加快推进人工影响天气作业队伍社会化,不断提高作业能力和水平,通过积极以人工影响天气作业推进人工影响天气事业发展和防灾减灾、趋利避害及空中云水资源开发利用的效益发挥,更好地服务于应急抗旱、森林防火、水库蓄水和生态改善等领域,为浙江经济社会发展做贡献。

地面烟炉暖云催化人工增雨效果分析及思考[①]

林　文　余永江　王　宏　隋　平

福建省气象科学研究所,福州 350001

摘　要　周宁县气象局以抗旱、增加水库蓄水为目的于 2013 年 8 月 16 日在周宁县纯池后溪和屏南县黄林岗作业点组织实施地基烟炉暖云人工增雨作业。此次作业受"尤特"外围低压倒槽、热带辐合带云团和西南季风的共同影响,主要以积层混合云云系降水为主。作业后通过区域对比和区域历史回归对此次作业进行效果评估。从新一代天气雷达分析,此次作业后云体出现回波强度略有增强、云体结构变紧实的现象。通过"区域对比"分析表明增雨作业后控制流域内增加的降水量为 274.6 万 m³。而通过区域历史回归法计算出本次人工增雨作业所增加的降水量为 291.2 万 m³。两种方法计算出的增雨效果相近,都证明了此次暖云人工增雨作业效果明显。

关键词:暖云增雨,烟炉,效果检验

1　前言

我国自从 1958 年第一次开展有组织的现代人工影响天气活动以来,人工增雨业务范围不断扩大。由于云和降水自然变化大,评估对象具有很大的不确定性,不同时空条件下各种因素相互制约,使得进行严格的效果检验在国内外仍然是一个困难的问题。

从 20 世纪 60 年代起,一些大气科学家开始注重物理检验,如经典的 70 年代美国进行的 Cascade 计划,在试验设计和实施中,利用飞机、地面和雷达探测,对实验期间 26 个人工催化个例进行物理检验研究,探测的结果分析显示了较好的催化效应。80 年代美国的高原试验(HIPLEX—1)设计了一种较为复杂的物理和统计紧密结合的物理效应统计检验,预先定义效应变量,通过探测验证播云催化的物理效应。之后南非大陆积云催化试验、美国北达科他州西南的浓积云催化试验、蒙大拿州西南的布里基试验和科罗拉多州大方山试验等,都进一步发展了物理检验方法,使之更加定量化,也探测到一些重要的由播云引起的催化效应证据。在国内,1974—1986 年的古田试验利用催化前后雷达回波顶高、地面雨滴谱等变化来为人工增雨统计效果提供物理证据。随着观测技术的发展,特别是新一代天气雷达、地面高密度区域自动站的广泛运用,加之雨滴谱、GPS 等地基观测仪器的发展,在祁连山(2006)、天山(2002)等地也开展了一些针对人工播云催化的观测研究。本文针对地面烟炉暖云增雨个例,结合雷达回波变化、地面高密度雨量资料进行统计检验。

①　基金项目:福建省气象局青年科技专项"业务化的人工增雨效果检验综合评价研究"

2 芹山和周宁电站概况

周宁县位于福建省东北部,宁德市境内,西临武夷山,北接浙江省,是福建省境内海拔较高的地方,属中亚热带海洋性季风气候,冬季受大陆性气候影响,夏季受海洋性气候影响,具有冬长夏短,平均气温低,云雾多,湿度大,雨日多,雨量充沛,日照少的特点。当降水系统影响时,周宁县常位于切变南侧、高空槽前、暖区内西南暖湿气流以及台风、热带辐合带控制下,对应的降水云系多数由西南向东北方向移动。闽东水电公司所属芹山、周宁电站位于周宁县穆阳溪流域(见图1),其中芹山水库为多年调节水库,总库容 2.65 亿 m³,周宁水库具有年调节功能,总库容为 0.47 亿 m³。两水库的下游还有前坪水电站、丰源水电站等,是一个完整的梯级流域开发。芹山电站坝址以上控制流域面积 453 km²,若含周宁电站坝址以上控制流域面积则在 500 km² 左右,在本研究中两个电站的坝址以上控制流域面积取 510.8 km²。

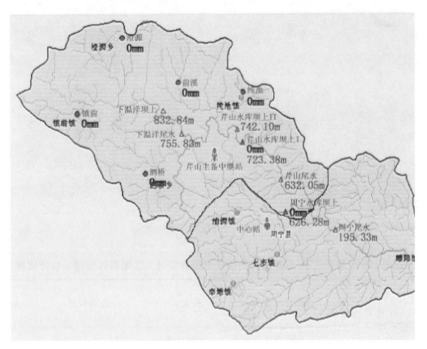

图1 宁德地区芹山和周宁电站流域图

3 2013 年 8 月 16 日芹山、周宁电站人工增雨作业方案

为了开展好夏季宁德市芹山、周宁电站以增加水库蓄水为目的的人工增雨作业,周宁县气象局于 2013 年 8 月 16 日在周宁县纯池后溪作业点(27.273° N,119.2114° E,海拔高度为960 m)和屏南县黄林岗作业点(27.124° N,118.965° E,海拔高度为 1286m)组织实施地基烟炉暖云人工增雨作业,使用暖云催化剂焰条 6 根。具体作业点位置和作业情况见表1。其中,周宁县纯池后溪作业点位于流域内部,屏南县黄林岗作业点位于流域西南侧 10 km 处(图2),根据云系的移向判断此次作业中 2 个作业点影响的云系均能进入流域上空并产生降水。

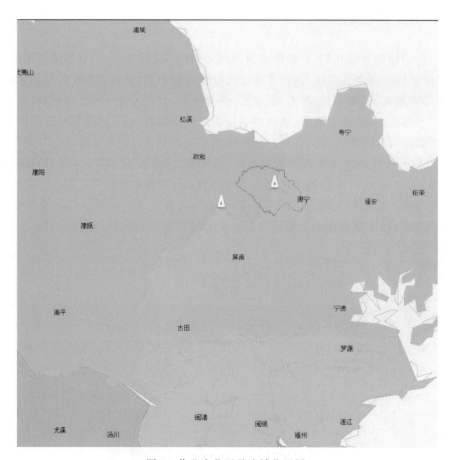

图 2　作业点位置及流域位置图

表 1　2013 年 8 月 16 日芹山和周宁电站水库流域人工增雨作业情况统计结果

项目	日期 (年-月-日)	降水天气系统	作业点	作业时间	烟条用量(根)
1	2013-08-16	低压倒槽、西南季风	纯池后溪	16:10—16:16	3
2	2013-08-16	低压倒槽、西南季风	黄林岗	16:13—16:19	3

4　天气形势分析

8 月 16 日,副高继续减弱东退,台风"尤特"登陆后西行减弱,受"尤特"外围低压倒槽(见图 3)、热带辐合带云团和西南季风的共同影响,全省部分县市出现小到中阵雨,降水云团松散(见图 4),主要以积层混合云云系降水为主。周宁选择 8 月 16 日 16 时左右开展暖云人工增雨作业,天气形势有利,时机选择正确。

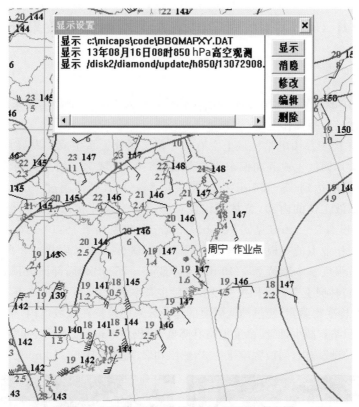

图 3　2013 年 8 月 16 日 08 时 850hPa 高空图

图 4　2013 年 8 月 16 日 16 时卫星云图

5　2013 年 8 月 16 日芹山、周宁电站人工增雨作业效果分析

5.1　雷达回波变化

2013 年 8 月 16 日傍晚在芹山、周宁电站所开展的人工增雨作业主要采用我省长乐和建阳新一代天气雷达进行指挥作业。

8 月 16 日下午位于芹山电站流域上空有大片积层混合云系生成并发展且移动缓慢,同时流域西南侧也有大片回波生成并向偏东北方移动,16:07 流域上空的主体回波强度为 35～45 dBZ,强中心回波强度达到 45～55 dBZ,回波顶高 8～9 km,局部超过 10 km,周宁县纯池后溪作业点位于强回波主体的内部,黄林岗作业点位于另一块片状回波的内部,该回波强度为 35～45 dBZ,回波顶高 6～8 km(见图 5(a,b))。周宁县气象局于 16:10—16:19 分别点燃位于纯池后溪和黄林岗作业点的 3 根暖云催化剂焰条进行暖云人工增雨作业。作业期间,纯池后溪的上空云系回波强度基本维持 35～40 dBZ,局部 45～55 dBZ,局部回波顶高也维持在 8～9 km,局部 10 km。黄林岗上空云系回波强度和高度也基本维持不变(见图 6a,b)。作业 10 min 即 16:31,两块云体结构变得紧实,经过纯池后溪的作业云系仍维持在流域境内,整体回波面积略有增加,但强回波面积略有减少,回波高度也略有降低,但仍在 8 km 以上。经过黄林岗的作业云系已经向东北移动至流域境内,回波强度维持 35～40 dBZ,高度维持 6～8 km(见图 7a,b)。

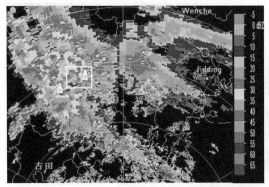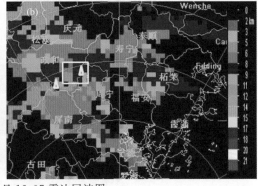

图 5　2013 年 8 月 16 日 16:07 雷达回波图

(a. 回波强度;b. 回波高度)

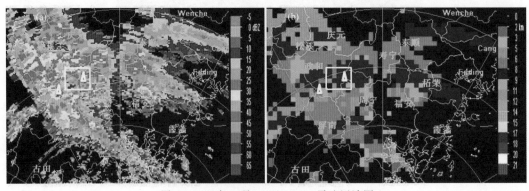

图 6　2013 年 8 月 16 日 16:13 雷达回波图

(a. 回波强度;b. 回波高度)

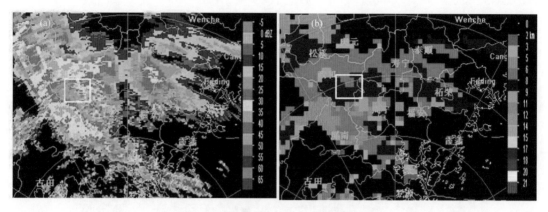

图 7　2013 年 8 月 16 日 16：31 雷达回波图
（a. 回波强度；b. 回波高度）

5.2　区域对比分析

区域对比法是在所开展人工增雨作业的区域选择两个相似的区域，一个为影响区，另一个为对比区，其中对比区不受影响区作业时的影响。同时假定作业期间自然雨量的空间分布统计上是均匀的，所以用同期的对比区雨量作为影响区自然雨量的估计值，再与影响区的真实雨量进行比较分析，两区的雨量差值即是人工增雨作业的效果。

2013 年 8 月 16 日芹山、周宁电站人工增雨作业的效果评估利用非随机化的评估方法——"区域对比试验方法"对该次水库人工增雨作业效果进行评估。本文以芹山、周宁电站的控制流域面积（510.8 km²）作为影响区，另外在影响区的左侧（位置与影响区上空作业云移动方向相平行）选取一个面积相当的对比区，影响区和对比区的雨量来自福建气象部门布设的自动气象站和芹山、周宁电站布设的雨量站观测的逐小时雨量资料，分析的雨量数据每次取作业后三小时的累计雨量值，并以此对每次人工增雨作业的增雨量进行估算。

用于增雨效果估算的公式如下：

$$\Delta R = S(\overline{R}_影 - \overline{R}_对) \tag{1}$$

其中 ΔR 为人工增雨作业后影响区总雨量增值，S 为芹山、周宁电站控制流域面积（510.8 km²），$\overline{R}_影$ 为人工增雨作业后影响区在时间 Δt 内的雨量平均值，$\overline{R}_对$ 为人工增雨作业后对比区在时间 Δt 内的雨量平均值。

利用面雨量分析系统进行对应的地面 3 h 雨量资料分析，结果表明：3 h 平均雨量较强的降水区出现在水库流域区内，最大雨量为 22.1 mm（见图 8），通过"区域对比"分析表明：水库流域内的平均雨量与其左侧方向的对比区平均雨量存在一定的差异，其中水库流域内的 3 h 平均降水量为 9.2 mm，对比区只有 3.8 mm，人工增雨作业后使得芹山、周宁电站控制流域内比对比区多增加 5.4 mm 降水，按其控制流域面积来计算，此次人工增雨作业所增加的降水量为 274.6 万 m³，作业效果明显。

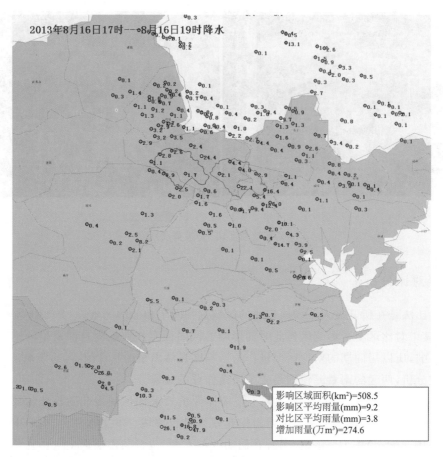

图 8　2013 年 8 月 16 日 17—19 时雨量分布图及两区平均雨量分析结果

5.3　区域历史回归分析

区域回归试验利用对比区自然降水量作为预报因子(控制因子),对试验期影响区自然降水量统计推断。它借助于一个或一个以上对比区(又称控制区),根据历史资料建立影响区与对比区的历史自然降水量回归方程,然后利用这一历史雨量回归方程以试验期对比区自然降水量估计影响区的自然降水雨量(即影响区自然降水量的估计值)。它假设试验期对比和影响区自然降水量的回归关系与历史上两区回归关系相同。这种方法又称作区域控制法或历史回归法。

在本项分析中,利用 2003—2009 年芹山、周宁电站周边气象站以及芹山、周宁电站水库库区雨量站的逐时雨量,根据季节云系移向建立一系列历史回归方程。根据雷达回波判断此次作业中云系移动方向为 30°,因此选择历史回归方程 $\overline{R}_{影自} = 3.295 + 0.395 * S_{西南}$,取周宁和屏南县的平均雨量作为 $S_{西南}$(表 2),计算得出假定没有作业时的芹山、周宁电站流域的自然降水期望值 $\overline{R}_{影自}$。而影响区实际雨量 $\overline{R}_{影}$ 同样利用面雨量分析系统对电站流域平均雨量 $\overline{R}_{影}$ 进行计算(见图 12)。因此,通过区域历史回归法,根据公式计算得出本次人工增雨作业所增加的降水量为 291.2 万 m³。

表 2　　2013 年 8 月 16 日芹山、周宁电站人工增雨作业区域历史回归法计算结果

作业云移向	估计方程	周宁、屏南县雨量($S_{西南}$)	库区自然降水估计值($\overline{R}_{影自}$)	库区实际雨量($\overline{R}_{影}$)	估计值与实际雨量的差值	增加降水量（万 m^3）
东北	$\overline{R}_{影自} = 3.295 + 0.395 * S_{西南}$	0.5	3.5	9.2	5.7	291.2

6　总结

2013 年 8 月 16 日傍晚在芹山、周宁电站水库控制流域开展的以增加水库蓄水为目的的地基暖云人工增雨作业效果评价分析结论如下：

2013 年 8 月 16 日傍晚在周宁县气象局开展 2 次人工增雨作业为芹山、周宁电站水库控制流域增加降水量，采用区域对比法计算的结果为 274.6 万 m^3，采用区域历史回归法计算的结果为 291.2 万 m^3。虽然两种方法计算出的增雨效果略有差异，但都证明了本次暖云人工增雨作业有较明显的增雨效果。

参考文献

[1] 李大山,章澄昌,许焕斌,等. 人工影响天气现状与展望.北京:气象出版社.2002.

[2] 曾光平,方仕珍,肖锋.1975_1986 年古田水库人工降雨效果总分析.大气科学,1991,**15**(4):98-108.

[3] 冯宏芳,隋平,蔡英群,等.蓄水型人工增雨效果检验.气象科技,2010,**38**(4):510-514.

[4] 郑国光,陈跃,陈添宇,等.祁连山夏季地形云综合探测试验.地球科学进展,2011,**26**(10):1057-1070.

[5] 王文新,张建新,廖飞佳,等.地面碘化银烟炉在山区人工增雨中的应用.新疆气象,2004,**27**(3):25-27.

桂林漓江人工增雨补水行动方案及讨论

白先达[1]　程　鹏[2]

1. 广西壮族自治区桂林市气象局,桂林 541001；2. 广西壮族自治区人工影响天气办公室,南宁 530022

摘　要　桂林漓江每年秋季都会因为降水偏少而缺水,影响漓江的生态环境和旅游；漓江补水一直受到政府和气象部门的高度重视。对漓江上游增雨补水作业进行总结,使人工增雨为漓江补水发挥更好的作用。根据不同降水云的特点,选用不同的作业方式,才能取得理想的效果。在漓江上游合理布置作业点,适时开展人工增雨补水作业,通过水库的合理调度,有效地给漓江补水。2013 年秋季,通过科学组织,在漓江上游开展的 3 次增雨作业都取得了明显的效果。

关键词：桂林漓江,人工增雨,补水研究

1　引言

　　广西桂林漓江起源于兴安县北部猫儿山,呈准南北向穿越桂林境内,流经兴安、灵川、阳朔、平乐县,最后汇入珠江,具有源头短,落差大的特点。桂林属于亚热带季风气候区,降水的季节分布不均,4—7 月为主汛期,雨量丰沛,8—12 月受西太平洋副热带高压控制,降水偏少,秋冬季节干旱明显[1],发生干旱的频率很高。据统计[2],桂林地区秋季发生的各种干旱的年份达到了 72.7%,中等强度以上的干旱也接近达到一半的年份。干旱造成漓江水位降低,致使漓江游船无法正常通行,严重影响漓江旅游业发展。随着桂林市社会经济的快速发展,城市规模不断扩大,生产生活用水增加,进一步加重了漓江缺水的趋势。漓江江水主要来自上游的降水和水库的调水,秋冬季节经常需要给漓江补水,人工增雨为漓江补水一直得到了市政府的重视和支持。桂林市气象局 1990 年曾在青狮潭水库组织了一次人工增雨作业实验,两年的实验也获取了一些有用的数据。科技的发展促进了人工增雨作业方式的变化,新技术的发展给人工影响天气工作带来了新的革命。国内外对人工增雨作业的研究很多[3,4],天气雷达探测技术的应用[5~7]确实为科学指挥人工增雨起到了重要作用；一些学者开展了不同降水云系增雨作业的研究[8~10]；许多研究认为,云中液态水含量[11~13]和云中上升速度[14]等的正确判断对人影作业有重要的影响；新技术在人工增雨作业中的应用也有一些研究[15,16],但对区域补水的人工增雨作业研究不多,黄美元研究员认为[17],人工影响天气还有很多不成熟的地方,需要针对各地的实际情况,加强研究。桂林市气象局根据漓江补水工程的需要,在人工增雨的作业方式上开展过一些试验和研究[18],为本研究打下了基础。作者总结了桂林多年来漓江上游的人工增雨工作,就天气雷达探测资料的应用、利用现有的作业手段、选择合适的作业时间和作

作者简介：白先达(1957.12—),男,高级工程师,从事人工影响天气管理工作。E-mail:glbxd@126.com
程鹏(1983.7—),男,工程师,从事人工影响天气管理工作。E-mail:157463396@qq.com

业方式、提高人工增雨为漓江补水的作业效率等进行了研究。

2　桂林市人工增雨作业现状

2.1　人工增雨业务的发展

桂林市的人工增雨作业开始于 1981 年,开始一直采用三七高射炮进行作业,向云中发射人影炮弹,人影炮弹爆炸将碘化银(AgI)成冰核播撒到云中。2002 年以后,全市各县统一配备了车载式 WR-98 系统火箭发射架,作业时用皮卡车拉到作业点,人工增雨作业的作业机会及灵活性都得到了很大的提高。

桂林新一代天气雷达于 2004 年开始投入应用,新一代天气雷达的观测产品很丰富,除了降水回波强度、强回波中心位置、回波的移动方向、降水云的发展趋势外,还有云中液态水含量、云顶高度等,这些雷达信息对指挥人工增雨作业可以发挥非常重要的作用[5],很好地解决了以前仅凭人眼观测指挥作业,常放空炮,作业效果不佳的问题。

由于观测和作业手段的改进,桂林市人影办还完成了广西地县级人工增雨作业指挥系统的开发和推广任务,对桂林的人工增雨业务起到了积极的作用。

自 1982 年开始,桂林每年都要根据漓江补水工作需要进行人工增雨作业,在漓江上游水库积雨区进行增雨作业,通过水库蓄水和调度,给漓江补水。

2.2　WR-98 火箭作业系统

WR-98 型火箭弹是采用一边飞行一边燃烧的工作方式向外播撒 AgI[19],飞行高度最大可以达到 8km,如图 1 所示。在进行人工增雨作业时,按照火箭弹的抛物线弹道轨迹在云层中播撒 AgI,在云层中形成一条管状催化带(烟雾带),播撒高度和距离随着火箭的发射仰角而变化。燃烧播撒后,火箭弹上的降落伞会自动弹出并打开,带着弹体缓慢降落。调整发射架的射角,可以改变播撒起始高度,射角越大,播撒最高点和起播点高度都会增加,但始播点和终播点之间的水平距离会相应减少。在实际作业时,要考虑云体的水平尺度、云顶高度、云中 0℃ 层高度、云中上升气流的分布、云中液态水含量等,选择适当的作业方位射角和作业时机,最大可能地将 AgI 播撒到云中最有效的区域,达到最好的催化效果。

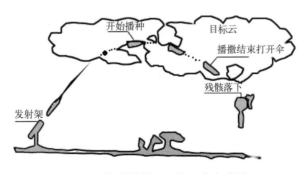

图 1　火箭弹播撒 AgI 的工作方式图

2.3　人工增雨作业催化剂

桂林都是采用 WR-98 火箭进行人工增雨作业,火箭燃烧播撒的是 AgI,属于冷云催化技术,即在云中负温区增加冷云中的凝华核,增加云中的云水转化,增加地面降水。正因为 AgI 属冷云成冰核,催化过程中,有效冰核数量的生成与环境温度有关,云中温度在 $-4\sim-20℃$ 范围内核化率最大。最理想的作用温度是在 $-6\sim-12℃$ 区域。理想的播散区域如图 2 所示。

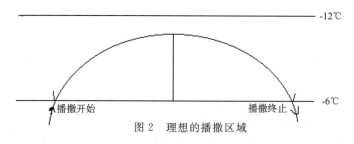

图 2　理想的播撒区域

2.4　漓江上游增雨补水作业点的布置

漓江秋冬季节补水主要是为了桂林市区至阳朔河段的旅游行船。补水主要采取在漓江上游引水进漓江的办法。上游能够储水的地方主要是水库,目前有条件给漓江调水的水库是青狮潭和思安江两座水库。人工增雨补水作业点主要选择在这两个水库的集雨区,具体作业点有青狮潭水库的青狮潭、九屋、蓝田、新公平、潭下(图 3);思安江水库的潮田、大圩、海洋(图 4)。青狮潭水库的作业点由市局作业人员负责,思安江水库的作业点由灵川县人影办负责。

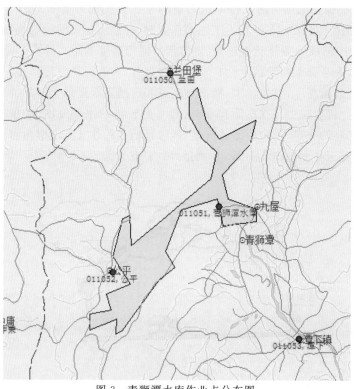

图 3　青狮潭水库作业点分布图

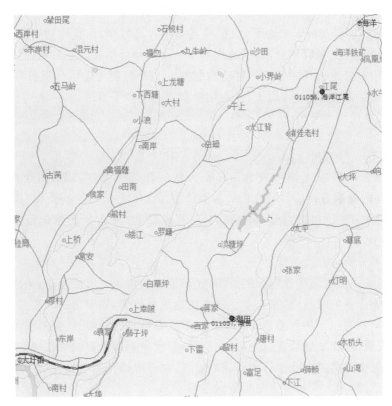

图 4　思安江水库作业点分布图

3　不同云型的作业方案选择

3.1　积雨云作业方案

3.1.1　积雨云特征

夏秋季节主要以积云性降水为主。由于大气层结不稳定和对流的作用,积雨云层发展较深厚,云体中对流旺盛,含水量和过冷水含量都大,是人工催化作业较理想的云体。在对流云初生阶段,云中以上升气流为主,从积云的底部到顶部为一致的上升气流,特别在云中上部,上升气流最强盛;在发展成熟阶段,云体移动前方仍为上升气流,云体移动的后方这时已经盛行下沉气流;在消散阶段,云体基本都为下沉气流控制。对流云常以单体形式存在,天气系统有利,会形成多单体的对流云带。对流云系一般水平尺度小,垂直厚度大,生命史短,阵性降水强,降水分布不匀。

3.1.2　积雨云作业条件分析

根据夏秋季节对流云为主的特点,人工增雨作业的时机选择很关键。为提高增雨效率,就要尽量保证 AgI 直接进入云中过冷水区播撒,并达到相应的数浓度。选择积雨云发展成熟阶段是人工催化的最好时机。为了保证进入云中负温区播撒,作业时可选择把 AgI 播撒到上升气流、含水量大的区域。即选择对流云体移动的前方,上升气流的入流区域进行作业,利用上升气流将 AgI 携带进入 0℃层以上高度。夏秋季节地面温度高,云中 0℃层高度也高,桂林地区一般都在 5 km 以上,对流云层也厚,火箭或高炮不容易打穿,作业仰角要选择高些,考虑到桂林上空飞机比较多,空域管制会限高,选用 60°~70°的仰角作业为好。通过认真分析雷达回波的演变,就可以较好地选择回波单体移动的前方[2]。一般要考虑雷达反射率强度在 30~40 dBZ 的范围,回波顶高在 9 km 或以上,作业用弹量要比冬春季节增加,一般可以一次发射 4 枚火箭弹。具体用弹量可参考公式[20]:

$$N = \frac{16 Num\ h_{top} M}{3.6 \times 10^{16}}$$

N 为在 $-10℃$ 播撒时所需火箭弹枚数;Num 为新一代天气雷达 VIL 图像产品,在 VIL$\geqslant$ 15 kg/m^2 所拥有的像素数;h_{top}(单位:km)为 VIL 大值区(大于阈值的面积)所对应的回波顶的平均高度,由新一代天气雷达回波顶高度(ET)产品得到;M 为假设催化后冰核浓度应达到浓度值(单位:个/L)。

3.1.3　针对积雨云的作业方案

根据桂林多年人工增雨作业情况的总结,比较成功的作业方案流程是:关注气象台发布的天气预报,在可能作业的时段内,密切监视降水雷达回波演变,如果雷达回波强度在 30 dBZ 或以上,并可能影响到漓江上游作业区,立即通知作业人员迅速赶到作业区,做好作业的准备。拉好作业区警戒线,检查发射装置,填装好火箭弹,将发射架仰角调到 62°。待降水云团进入影响区域,即将发射架方向对准降水云团移动的前方,立即申请作业空域。每作业发射一枚火箭弹,将发射架仰角调高 2°,采用垂直扇形方式发射。

3.2　层状云作业方案

3.2.1　层状云作业条件分析

冬季到春季,桂林地区主要是受冷空气影响带来的层状云降水,由于层状云的垂直厚度较薄,对流发展不强,云中 0℃层高度一般在 3700~4500 m 之间。受锋面大尺度天气系统的影响,云系的水平范围较大,云层较稳定,云中含水量及过冷水含量虽然较小,但地面降水持续时间较长,降水量分布均匀。表现在雷达回波图上,回波顶高不高,一般低于 8 km,回波强度在 20~30 dBZ 之间,分布均匀,覆盖面积大。人工增雨的原理就是在云中过冷水区域播撒催化剂(AgI),输送人工冰晶,破坏层状云的稳定结构。由于层状云中上升气流较弱,不大可能通过上升气流将 AgI 携带到过冷水区域,所以要靠调整合适的发射角,直接将催化播撒到 0℃层以上高度,以提高增雨效率。注意由于云层较薄,过高播撒作业很可能将 AgI 播撒到了云顶以外,形成无效播撒。实践证明,桂林漓江上游层状云人工增雨作业仰角选用 55°~62°为宜。

3.2.2　层状云作业方案

根据层状云的特点,人工增雨补水作业方案可以归纳为:根据气象台的天气预报,加强对降水雷达回波资料的分析,如发现有 20 dBZ 或以上降水回波生成和发展,并可能影响到作业区时,立即通知作业人员做好准备。装好火箭弹,每次可装 2~4 枚,将发射仰角调到 58°,当降水云团进入作业区,地面开始产生降水时,将发射架方向对准降水云团移动的来向,立即申请作业空域。可采用水平扇形发射方式进行作业,即每发射一枚火箭弹,将发射架发射方位角调整 2°。发射完 2 枚火箭弹后,先观察作业效果,如作业效果比较好,且作业条件继续存在,可另行申请,再次作业。

4　2013年漓江补水增雨作业

2013年8月份开始桂林降水偏少,漓江水位下降,为了保证漓江旅游用水,8月12日,桂林市气象台预报受台风外围影响,漓江上有明显降水过程,桂林市人影办于8月14—16日,连续成功组织了3次大范围的增雨补水作业,桂林市人影办和灵川县人影办分别到青狮潭水库和思安江水库的蓝田、九屋、海洋、大圩作业点开展作业。根据桂林新一代天气雷达的观测指挥,根据天气系统的演变,采用跟踪作业方式,每次过程都分别先后在两个作业点作业,由于分工明确,准备充分,作业都取得了很好的效果,为两水库储水发挥了积极的作用,保证2013年秋冬季漓江没有出现断流停航的现象。

5　人工增雨补水作业的一些讨论

5.1　增雨补水应未雨绸缪

往往进入干旱,漓江需要补水的时候,降水云系很少,可供实施人工增雨作业的机会也少,这一时期,靠人工增雨来解决漓江的补水,作用非常有限,人工增雨补水其实只是一种辅助手段。漓江上游水利设施条件较好,水库蓄水能力较强。在干旱未发生时,组织开展人工增雨补水作业,使水库蓄水量上升,增加有效库容,使干旱发生时可调水量增加,效果要远比干旱已经发生才进行人工补水作业要好得多。因此,漓江补水也不要过度依赖人工增雨等应急手段,而应积极发展和利用水利工程,在旱季开始前开展人工增雨作业,有效增加上游库区蓄水,待自然降水减少,需调水调节江水水位时可以有效进行补水。

5.2　人工增雨补水作业一定要注意作业安全

漓江补水人工增雨作业是一项技术性很强的工作,要保证发挥补水作业的社会和经济效益的同时也要注意作业安全。在实际操作中,作业云体的选择、作业时机的把握、作业方位的确定,都受到严格的限制,不可能完全按照理论上的要求进行[21]。对具体作业点,作业方位和作业时机的选择,首先要考虑安全第一,在安全有保障的前提下,才能合理选择作业方位和作业时机,实施增雨补水工作。

6　小结

(1)桂林漓江风景秀丽,是闻名世界的旅游胜地。由于漓江上游的降水各季节分布不均,秋冬季节干旱常造成漓江缺水,影响游船运行。在漓江上游开展人工增雨作业,是为漓江补水的一项重要工程,得到政府和气象部门的高度重视,为更好地发挥人工增雨补水作业的效益,应在上游两大水库蓄水区合理设置作业点,科学统筹,合理调度,开展人工增雨作业。

(2)桂林漓江人工增雨补水作业采用WR-98型人影火箭作业系统,为了提高增雨的效率,可在汛期结束前,在不致造成洪涝、地质滑坡等灾害的情况下,开展人工增雨作业,增加水库蓄水,通过水库调度,给漓江补水。

（3）桂林漓江冬春季节人工增雨补水作业对象以层状云系为主，云层范围宽，云顶高度低，0℃高度层 3～4 km；应采用较低仰角，水平扇形方式作业。夏秋季节，对流发展旺盛，0℃高度层高，一般约在 5 km 以上，应以垂直扇形方式作业为主。尽可能将火箭弹送到云系移动的前方，通过云体前方上升气流的作用，将 AgI 催化剂带到－4℃以上云层，充分发挥 AgI 成冰核的作用。

（4）人工增雨补水作业要注意作业安全，根据作业点和作业条件的具体情况，科学合理选择作业方位和作业时机，在充分保障安全的前提下，才能考虑作业的效果。

参考文献

[1] 唐熠,蒋运志,赵洁妮.桂林秋季干旱特征和人工增雨作业潜力分析.安徽农业科学,2010,38(3):1317-1319.

[2] 白先达,桂林干旱风险评估及人工增雨作业研究,气象,2013,39(10):1369-1373.

[3] 周德平.国内外人工影响天气科研业务动态.辽宁气象,2003,(3):20-23.

[4] 许焕斌.关于在人工影响天气中更新学术观念的探讨.干旱气象,2009,27(4):305-307.

[5] 陈进强,杨连英.多普勒天气雷达在人工影响天气中的应用.气象科技,2002,30(2):127-128.

[6] 白先达,陈博杰,张瑞波,等.新一代天气雷达在人工增雨作业中的应用.广西气象,2005,26(3):45-47.

[7] 刘黎平,邵爱梅.新一代可移式天气雷达在人工影响天气中的应用临近预报产品研究.暴雨灾害,2007,26(1):42-45.

[8] 李定才,袁献国,郑宏伟,等.高炮、火箭人影催化作业云层高度的确定.气象与环境科学,2008,31(S0):74-76.

[9] 许焕斌,田利庆,段英.关于积云增雨和实施方案的探讨.气象科技,2005,33(S0):1-6.

[10] 蒋年冲,曾光平,袁野,等.夏季对流云人工增雨效果评价方法初探.气象科学,2008,28(1):100-104.

[11] 袁野,王成章,蒋年冲,等.不同云条件下水汽含量特征及其变化分析.气象科技,2005,25(4):394-397.

[12] 晋立军,张淑萍,李君霞,等.分层垂直累积液态水含量的算法及其在人工影响天气中的应用.山西气象,2009,(4):44-46.

[13] 黄彦彬,李春鸾.海口市不同云天条件下水汽含量特征及降水效率分析.热带作物学报,2010,31(1):146-150.

[14] 袁野,王成章,张苏.云的垂直速度特征分析及人工影响天气作业措施探讨.气象科学,2007,27(5):503-509.

[15] 刘国强,许戈,周丽娜.抗旱期间的人工影响天气业务技术创新.贵州气象,2010,34(S0):218-219.

[16] 杨青,张惠英,李荣智,等.新技术在固原人影指挥中的应用思考.宁夏农林科技,2009,(2):82-84.

[17] 黄美元,雷恒池.人工影响天气若干问题的讨论//第十五届全国云降水与人工影响天气科学会议论文集 I.北京:气象出版社,2008:5-8.

[18] 白先达,张雅昕,杨经科.人工增雨抗旱作业方案设计.灾害学,2013,28(1):98-100.

[19] 陈光学,段英,吴兑.火箭人工影响天气技术.北京:气象出版社,2008,39-46.

[20] 王艳兰,王丽荣,汤达章,胡志群.利用多普勒天气雷达估算对流云火箭增雨防雹用弹量的方案.气象科学,2008,28(4):426-430.

[21] 张志国,李敏.地面人工影响天气作业安全策略.内蒙古科技与经济,2011,19(245):108-110.

2013 年 7—8 月江苏高温抗旱人工影响天气工作概况

王　佳[1]　陈钰文[2]　朱　宝[3]

1. 江苏省人工影响天气中心,南京 210008; 2. 江苏省气候中心,南京 210008;

3. 江苏省气象信息中心,南京 210008

1　人影服务概况

2013 年 7—8 月,江苏气温异常偏高,接连出现持续性、大范围高温天气,淮河以南地区平均气温、高温日数均创 1961 年以来同期最高。省局于 7 月 30 日、8 月 6 日 2 次启动重大气象灾害Ⅲ级应急响应,并于 8 月 7 日提升为Ⅱ级响应。在此期间,省人影中心加强应急值守,主动及时开展空中云水资源监测与分析,综合释用国家人影中心作业潜势预报产品,科学指导市县气象部门开展增雨抗旱作业。市县气象部门积极组织、合理部署,密切跟踪云团变化,及时寻找人工增雨作业最佳时机。7—8 月,南京、镇江、常州、无锡、苏州、南通、徐州、淮安、宿迁 9个市共开展人工增雨作业 46 次,累计影响面积约 8090 km²,增加降水约 4315 万 m³。其中,7月 31 日南京市局率先打响高温抗旱号角,作业后中北部地区降水明显,3 h 内气温下降 10℃以上,一定程度缓解了省城的高温天气;8 月 4 日,苏州市象局提前准备好人影作业装备、作业人员,协调空域,跟踪监测,先后两次开展火箭人工增雨,太湖地区普降中到大雨,温度下降11℃,增雨工作获得苏州市周乃翔市长赞扬。

2　人影作业典型个例——7 月 31 日南京午后对流增雨降温作业

2.1　天气形势

随着副高增强西伸,受副高北侧边缘高空槽影响(图 1),7 月 31 日午后南京西北部地区存在不稳定对流天气(图 2)。

2.2　增雨潜力预报

模式预报结果显示(图 3),31 日南京西北地区普降中雨(10～25 mm)、局部大雨(25～50 mm);午后有对流云系发展,0℃层高度在 550 hPa(约 5500 m,图 4),0～10℃层冰晶数浓度＜20/L,局部地区有过冷水,具有人工增雨潜力(图 5)。

2.3　作业条件跟踪识别

作业前 1 h,南京西北地区上游不断有对流云团出现(图 6)。31 日 13—14 时,南京市局在西北地区的程桥镇(图 7,三角)开展人工增雨作业。

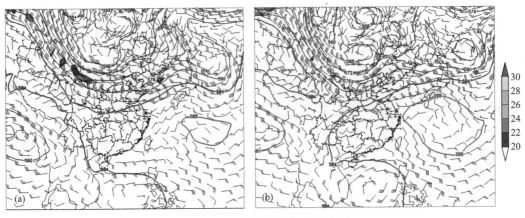

图 1　500 hPa 位势高度场及环流场
(a)2013 年 7 月 30 日 20 时；(b)7 月 31 日 20 时

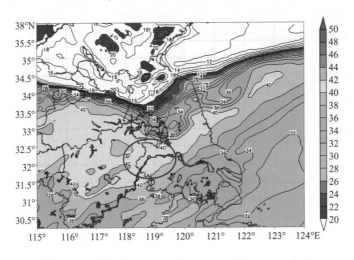

图 2　2013 年 7 月 31 日 14 时 K 指数(红圈为南京西北地区)

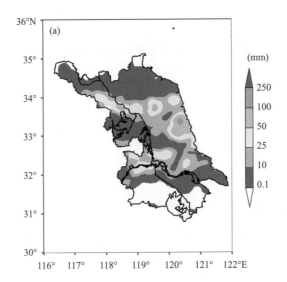

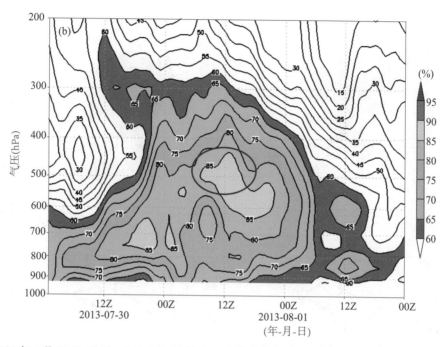

图 3　2013 年 7 月 31 日 08 时—8 月 1 日 08 累计 24 h 降水分布(a)以及南京站相对湿度剖面时间变化(b)

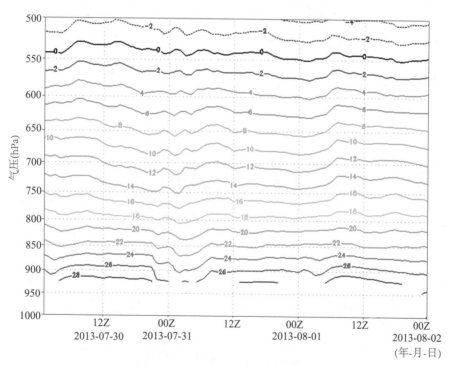

图 4　南京站温度剖面时间变化

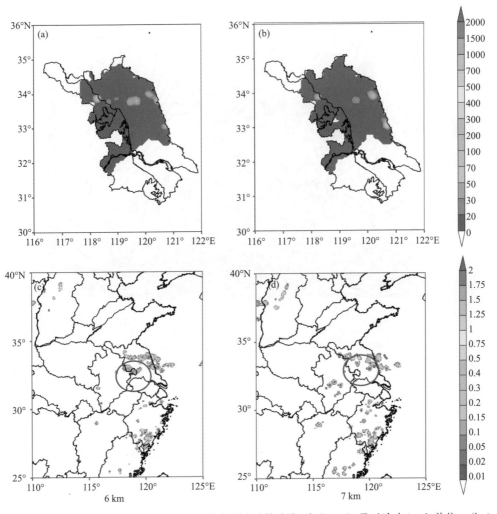

图5　2013年7月31日14时0～−10℃层高度冰晶数浓度(个/L,a,b)及过冷水(c,d,单位:g/kg)

图6　2013年7月31日12时(a)、13时(b)卫星云图

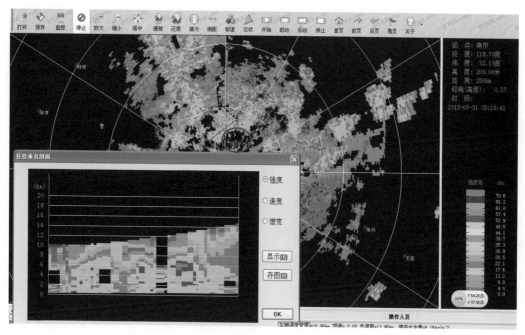

图 7   2013 年 7 月 31 日 13—14 时雷达回波及剖面图(剖面位置为红线)

2.4   作业效果分析

图 8 显示,作业后南京西北地区普降大雨(25～50 mm),大于模式预报量级,且降温明显。

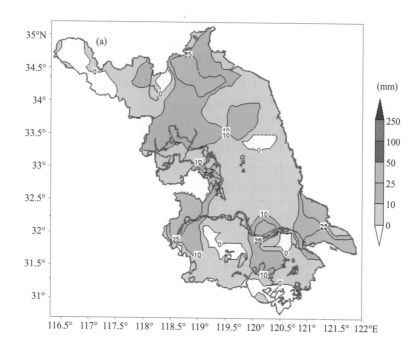

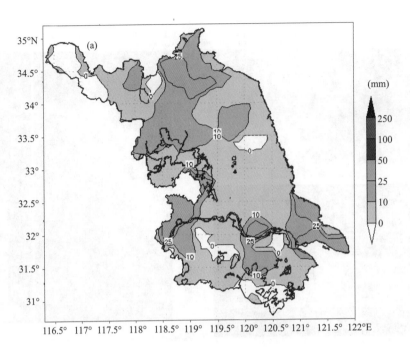

图 8　作业后 2013 年 7 月 31 日 08 时—8 月 1 日 08 时 24 h 降水(a);以及
南京西北地区逐时温度、降水变化序列(b)

3　小结

准确预报、合理部署、及时预警、联合作业使得江苏圆满完成高温抗旱人影服务工作,具体
如下:

(1)准确预报。利用欧洲中心、日本等多模式资料,准确预报副高短期变化、西太洋面台风
及高空槽的发展,及时把握副高减弱衰退过程中南北边缘对流云团,开展人工增雨作业。

(2)合理部署。根据国家人影业务指导产品,综合释用本省云水数值预报产品,科学分析
增雨作业潜力,制定合理作业方案。

(3)及时预警。利用卫星、雷达资料,实时跟踪云团发展;根据本省增雨潜力、作业判别指
标,准确识别增雨作业时机。

(4)联合作业。南京、无锡、常州、苏州、镇江、南通、淮安、徐州、宿迁 9 市开展人工影响天
气作业。